船舶螺旋桨空化试验技术

黄红波　周伟新　樊晓冰　著

国防工业出版社

·北京·

内 容 简 介

本书系统地介绍了船舶螺旋桨空化试验技术相关的研究方法、判断方法及空化危害的解决方法，内容包括船舶螺旋桨空化研究的历史、螺旋桨空化的特点与危害、螺旋桨空化研究的试验设施、空化现象研究的相似原理、螺旋桨模型空化现象模拟及测量分析方法、螺旋桨空化噪声试验测量与分析方法、实船螺旋桨空化试验测量方法、螺旋桨空化危害的衡准及解决措施等。本书着重阐明空化的基本概念、空泡试验测量相关技术程序与分析方法，并以典型案例进行示例说明，将复杂的空化现象从以往的感性认识发展到定量测量、分析与评估阶段，使之服务于工程生产。

本书主要为船舶螺旋桨水动力性能研究以及工程设计人员提供参考，也可作为船舶与海洋工程学科高年级本科生、硕士和博士研究生课程学习、课外拓展研究的教辅材料，还可供船舶工程及水利工程工程师参考。

图书在版编目(CIP)数据

船舶螺旋桨空化试验技术 / 黄红波, 周伟新, 樊晓冰著. -- 北京: 国防工业出版社, 2024.10. -- ISBN 978-7-118-13450-6

I. U661.71

中国国家版本馆 CIP 数据核字第 2024DQ5399 号

※

国防工业出版社出版发行
(北京市海淀区紫竹院南路 23 号　邮政编码 100048)
北京虎彩文化传播有限公司印刷
新华书店经售

*

开本 710×1000　1/16　印张 10½　字数 190 千字
2024 年 10 月第 1 版第 1 次印刷　印数 1—1500 册　定价 138.00 元

(本书如有印装错误，我社负责调换)

国防书店：(010)88540777　　书店传真：(010)88540776
发行业务：(010)88540717　　发行传真：(010)88540762

序

21世纪是海洋的世纪,是我国船舶工业从造船大国向造船强国迈进的关键机遇期。本世纪初,"辽宁号"航母、"南昌号"导弹驱逐舰、"海南号"两栖攻击舰等大型水面舰船相继列装,40万吨大型矿砂船(VLOC)、32万吨超大型油轮(VLCC)、17.4万立方液化天然气(LNG)船、24000箱集装箱船、爱达魔都号邮轮的陆续下水营运,充分体现了我国船舶工业取得了举世瞩目的成绩。其中推进系统的螺旋桨水动力性能与空化现象密切相关。国内外介绍空化相关的试验测试及工程应用研究型专著,仅有20世纪五六十年代至世纪末在水利水泵行业总结的《空化与空蚀》著作,在船舶领域,特别是空化现象最为常见的螺旋桨部件,至今未见与试验测试及工程应用研究相关专著出版。为推动船舶工业技术的发展,在追踪国际空化领域最新研究动态的基础上,结合我国当前船舶行业快速发展形成的技术成果,撰写螺旋桨空化试验技术与工程应用研究的专著意义重大。

空化现象具有非恒定与高速动态的特征,是一种复杂的二相流体动力学问题,常常在所产生的局部区域导致剥蚀(空蚀)破坏及局部振动噪声异常问题,带来严重的安全隐患,使声隐身性能下降。空化现象还会导致螺旋桨水动力性能下降而无法达到设计航速。但在某些特定场景,可将空化化弊为利,如利用超空泡可大幅降低运动物体阻力、利用高速射流产生的空化可提升采矿效率等。因此研究空化现象极为重要且必不可少。至今为止,对于空化性能的研究已持续一百多年,其理论研究以 Rayleigh-Plesset 单泡动力学方程为基石,直至目前仍没有重大突破,当前多以超级计算资源数值模拟来仿真求解,预报精度尚没有达到工程实用阶段。总之,当前工程领域空化现象的模拟及性能评估与预报仍主要依赖于缩比模型试验。

《船舶螺旋桨空化试验技术》专注于介绍船舶螺旋桨空化试验技术,包括空化的历程与危害,试验设备、模型、测试,试验方法,相似性换算,数据处理等,细致且深入。特别是第七章节中阐述的"风险衡准""快速判断""快速预报""空化危害解决措施"等极具创新性,有助于提升我国大型船舶螺旋桨设计与性能评估的水平。建议作为船舶与海洋工程交通运输工程等专业研究生教材，也可作为科技人员和高等院校师生借鉴学习的资料。

　　本人非常高兴为本书作序。希望该书的出版能够提升我国"船舶螺旋桨空化试验技术"，为我国船舶工业高质量发展作出贡献。

徐青

2024 年 10 月于武汉

徐青，中国工程院院士。

前　言

螺旋桨空化现象(以下简称空化)研究是船舶流体力学和船舶水动力学研究非常重要的组成部分。自从 19 世纪末以来，由于空化对船舶行业带来诸多困扰，特别其造成螺旋桨及附体剥蚀问题、振动噪声超标问题等，加之人们对空化生成机理及出现问题的解决措施难以掌控，因此螺旋桨空化一直是人们研究的热点与难点问题。

随着我国逐步从造船大国向造船强国转变，国际海事组织(IMO)对船舶能耗指数(EEDI)及排放指数(EXI)的强制实施，船舶高效节能与航行安全成为螺旋桨设计的最高目标。高效与安全是螺旋桨性能设计的矛盾综合体，需根据其具体对象权衡设计。由于科技工作者对船舶螺旋桨空化研究逐步深入，对螺旋桨效率、空化、振动噪声综合特性指标的追求越来越高，迫使科技工作者对船舶螺旋桨性能指标的权衡设计以及对船舶能效、空化的综合预报、评估精度提升，因此迫切需要发展船舶螺旋桨空化性能测试与评估方法及对其危害防治的技术评价准则，基于以上原因与船舶螺旋桨空化性能工程检测评估的需要，作者依托中国船舶科学研究中心大型循环水槽实验室的平台，总结归纳船舶螺旋桨空泡试验原理以及近二十年来解决的有关船舶螺旋桨产生空泡问题的案例，形成了本书。

本书共分 7 章，第 1 章由周伟新撰写，第 2 章由樊晓冰、黄红波撰写，第 3 章由曹彦涛、黄红波撰写，第 4 章、第 7 章由黄红波撰写，第 5 章由刘竹青、黄红波撰写，第 6 章由陆芳、黄红波撰写，全书由黄红波统稿。感谢董世汤研究员、颜开研究员、潘森森研究员、唐登海研究员、孙红星研究员、辛公正研究员等在本书撰写过程中提出的宝贵建议，同时还要诚挚地感谢循环水槽实验室工作人员(陆林章、张国平、陆芳、徐良浩、施小勇、陆伟成、顾湘男、谭志强、李诚、张忍、宋佳倩、李亚、朱珈诚等)给予的极大帮助。

由于作者水平有限，谬误和疏漏在所难免，恳请读者不吝批评指正。

黄红波　中国船舶科学研究中心
2023 年 8 月于无锡

目 录

第1章 概论 ··· 1

1.1 空化 ··· 1
- 1.1.1 空化的历史回顾 ··· 1
- 1.1.2 空化的产生及表现 ··· 2
- 1.1.3 空化的物理本质 ··· 2
- 1.1.4 空化研究的相似参数 ··· 5

1.2 船舶空化产生的形式与危害 ··· 7
- 1.2.1 船舶螺旋桨表面空泡形式 ··· 7
- 1.2.2 船舶附体空泡产生的形式 ··· 11
- 1.2.3 空泡表示方法 ··· 12
- 1.2.4 空泡产生的危害 ··· 12

参考文献 ··· 18

第2章 船舶空化性能模型试验设施 ··· 20

2.1 空化研究的目的与控制方法 ··· 20
2.2 空化研究试验设施的特点 ··· 21
2.3 船舶空化研究试验设施 ··· 23
- 2.3.1 通用型空泡水筒 ··· 24
- 2.3.2 小型多功能高速机理水筒 ··· 26
- 2.3.3 大型循环水槽 ··· 28
- 2.3.4 减压拖曳水池 ··· 34

2.4 船舶空化研究主要测量设备 ··· 35
- 2.4.1 常规空泡观测测量设备 ··· 35
- 2.4.2 高速摄像空泡观测测量设备 ··· 38

2.5 空泡水筒/循环水槽水速测量原理及流动品质测量方法 ··· 39
- 2.5.1 循环水槽水速系数 ξ 测量方法 ··· 40
- 2.5.2 循环水槽工作段流动品质测量方法 ··· 41

参考文献 ··· 44

第3章 船舶空化试验基本理论与方法 ·············· 46
3.1 相似的基本理论 ················ 46
3.1.1 流动相似的基本概念 ·········· 46
3.2 量纲分析 ···················· 48
3.2.1 量纲的基本概念 ············· 48
3.2.2 瑞利法和 π 定理 ············· 48
3.3 船舶流体力学中的常用相似参数 ······ 52
参考文献 ························ 55

第4章 船舶螺旋桨空化性能模型试验技术 ········ 56
4.1 螺旋桨空化性能的表征 ············ 56
4.1.1 螺旋桨水动力性能的表征 ········ 56
4.1.2 螺旋桨空泡起始特性表征 ········ 57
4.1.3 螺旋桨桨叶表面空泡形态性能表征 ···· 57
4.1.4 螺旋桨噪声性能表征 ··········· 57
4.1.5 螺旋桨空泡诱导的脉动压力性能表征 ··· 58
4.2 空泡起始性能试验 ·············· 59
4.2.1 螺旋桨空泡起始性能试验 ········ 59
4.2.2 螺旋桨空泡水动力性能试验 ······· 64
4.3 伴流场中螺旋桨空泡形态观测性能试验 ··· 66
4.3.1 伴流场模拟 ··············· 67
4.3.2 螺旋桨空泡形态观测试验 ········ 69
4.4 螺旋桨空泡诱导的脉动压力性能试验及预报 · 74
4.5 船舶螺旋桨模型的空泡剥蚀试验 ······ 78
4.6 船舶附体空泡试验 ·············· 82
参考文献 ························ 85

第5章 空化噪声性能模型试验技术 ·············· 86
5.1 空泡噪声 ···················· 88
5.1.1 空泡噪声机理 ·············· 88
5.1.2 空泡噪声的时频特征 ·········· 90
5.2 推进器空泡噪声 ··············· 92
5.2.1 推进器无空泡噪声 ··········· 92
5.2.2 推进器空化噪声 ············ 92

Ⅶ

        5.2.3 唱音 ··· 93
    5.3 螺旋桨空泡噪声模型试验技术 ··· 95
        5.3.1 螺旋桨模型空泡噪声试验方法 ·· 95
        5.3.2 试验设备及仪器 ··· 95
        5.3.3 模型螺旋桨空泡噪声试验程序 ·· 97
        5.3.4 试验结果处理及表达 ··· 98
    5.4 基于模型试验结果的空泡噪声性能预报 ··· 99
        5.4.1 实船空泡噪声换算相似原理 ·· 99
        5.4.2 实船空泡噪声预报方法 ··· 101
    5.5 推进器模型试验中影响空泡和噪声的试验因素 ··································· 102
        5.5.1 模型加工精度对空泡及噪声试验的影响 ···································· 102
        5.5.2 模型安装对空泡及噪声试验的影响 ·· 103
        5.5.3 模型试验控制参数对空泡及噪声试验的影响 ································ 103
        5.5.4 环境参数对空泡及噪声试验的影响 ·· 104
    参考文献 ··· 104

第6章 实船空化性能试验技术 ··· 106
    6.1 实船空泡测量技术发展和历史 ··· 106
    6.2 实船空泡测量试验方法 ··· 109
    6.3 测量参数及试验内容 ··· 112
        6.3.1 空泡形态特性测试 ··· 112
        6.3.2 空泡起始测试 ··· 114
        6.3.3 空泡诱导船体脉动压力测试 ··· 115
    参考文献 ··· 117

第7章 空泡引起实船问题及解决措施 ··· 119
    7.1 空泡引起的船艉局部振动问题及解决措施 ······································· 119
        7.1.1 空泡引起振动问题与后果 ··· 119
        7.1.2 空泡引起的船艉局部振动风险衡准与判断 ·································· 119
        7.1.3 空泡引起的船艉局部振动问题解决措施 ···································· 130
    7.2 空泡引起的剥蚀问题及解决措施 ··· 140
        7.2.1 空泡引起的剥蚀问题与后果 ··· 140
        7.2.2 空泡剥蚀风险判断与衡准 ··· 140
        7.2.3 空泡剥蚀解决措施 ··· 145
    参考文献 ··· 157

第1章 概　　论

空化自产生以来,一直困扰着船舶、水利、化工以及生物医学等领域的工程技术人员。从20世纪开始,一个多世纪以来,随着对空化现象研究的深入,人们发现空化是液体固有的特性,即在液体内部由于低压导致的相变现象。长期以来,空化被认为是一个不易解决的问题,存在很大的破坏性,工程设计人员都在设法避免,如船舶螺旋桨、水泵、水翼、水轮机、水利水坝泄洪设施、血管内流动等。空化还存在其有利的一面,如利用超空泡减阻、利用通气空泡矿产开采等。

空化是一种过程,是指空泡产生的过程,包括空泡生成、发展与溃灭。空泡是空化产生后肉眼可见的一种结果与实体。空化问题已成为水动力学中一个重要的分支。本书研究的空化主要是针对船舶领域螺旋桨及附体产生的空化现象。

1.1 空　　化

1.1.1 空化的历史回顾

19世纪末英国的一艘驱逐舰"果敢"号和一艘蒸汽动力船"透平"号先后在航行中失速,速度突然下降,达不到预定的最大航速,在后来的检查中,发现是螺旋桨桨叶被击穿所造成的。在主机功率足够的条件下仍无法达到设计航速,这是空泡第一次给人的感性认知。空泡的研究历史可追溯到1754年,瑞士数学家欧拉[1]在其著作中讨论的一种我们今天称为空化的特有现象,某些特殊设计的水轮机在特定运行工况时,其水轮机表面会产生空泡,且空泡对水轮机的性能产生影响。1873年雷诺[2]在研究螺旋桨转速与吸收功率关系时,发现桨叶表面压力降低到一定真空度时,其表面会产生空泡,在当时认为是吸入了空气。

1895年,英国工程师帕森斯(Parsons)建立了世界上第一座小型空泡试验设备,总长约1m,试验段截面15cm×15cm。1897年,英国人巴那贝(Barnaby)与帕森斯等一起研究船舶螺旋桨推进效率下降问题时,参考了雷诺对吸入空气的分析,并参照傅汝德(Froude)研究中曾用过"cavitation"一词,将击穿螺旋桨桨叶这种水动力学现象定义为空化(cavitation),这是空化概念的由来。

空化既可能产生于水泵、涡轮、船舶推进器、齿轮,也可能产生于人体血管、心脏起搏器的增压泵与管路等。随着空化现象出现越来越频繁,大量学者开始研究水力机械、涡轮、螺旋桨,将产生这种水动力学现象的过程定义为"空化",而充分发展的空化产生的实体结果简称为"空泡"。1924年,美国学者托马斯建议用一个无量纲参数来表征液体中的空化状态,这就是我们当今应用非常广泛的空化相似参数。

1917年,雷利(Rayleigh)曾计算一个空心球泡在静止液体中的溃灭问题。1949年,普勒赛特(Plesset)在雷利的基础上,考虑了液体的黏性和表面张力,研究了一个含空泡与水蒸气的球形泡生长、发展到溃灭的整个过程,从而建立了空泡动力学的基本方程,即 Rayleigh-Plesset(R-P)方程,此方程是此后空泡理论计算的基石。

1970年,美国加州理工学院(CIT)水力工程师柯乃普(Knapp)、戴利(Daily)及哈密脱(Hammitt)出版了《空化与空蚀》著作,第一次全面系统地介绍了空泡特性及产生空蚀的破坏作用。

1963年第10届国际拖曳水池会议(ITTC)空化委员会第一次较详细地介绍了空化试验方法与规则、空化试验内容以及空化比对试验,至此,全世界有了统一的空化试验规则及交流平台,船舶螺旋桨空泡性能研究进入了快速发展阶段。

综上所述,空化是因流体动力因素作用在液体内部或在液体与固体界面上发生的液体与蒸汽的相变过程和现象。准确地讲,这个定义仅是对"水力空化"而言的,而水力空化是我们日常生活中和生产实践中接触最多、研究最广、遇到麻烦最频繁的一种空化,在船舶领域"空化"多理解为"水力空化",本书也不例外,后续章节不加说明,均指船舶螺旋桨水动力空化。

1.1.2 空化的产生及表现

空化是一种常见于水力机械、船舶推进器运行时产生的一种特有水动力学现象,当空化产生时,伴随着速度或压力的脉动。众所周知,当压力低于饱和蒸汽压力时,在流动液体中间或流体边界之间均会产生空化现象。空化存在的形式多种多样,其形貌具体来说,按形态分为泡空泡、片空泡、涡空泡及云雾状空泡等;按产生的位置不同可分为背空泡、面空泡、根部空泡以及附体表面的空泡等;按产生的时间先后顺序可分为初生空泡、发展空泡或局部空泡、超空泡以及溃灭空泡等。图1-1为不同对象上的各种空泡现象示例。

1.1.3 空化的物理本质

理解空泡形成的物理条件及本质有助于我们研究与控制空泡的特性。从基础物理知识可知,在高原烧开水,不需要达到100℃,水就能沸腾。对于螺旋桨而言,当保持环境水体温度不变,降低压力,桨叶表面空泡越来越严重,就像运行于海洋

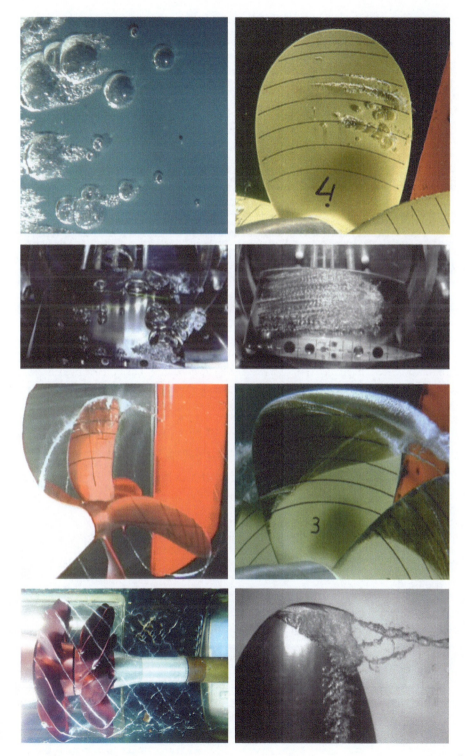

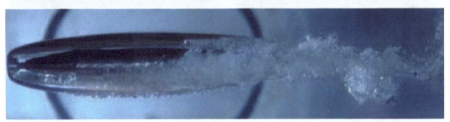

图 1-1　各种空泡现象[3-4]

中的船舶螺旋桨上的空泡一样。帕森斯最早认识到这个现象,他在世界上建立了第一个小型空泡水筒,通过真空泵降低水筒中水体表面的压力,旋转的螺旋桨在较低的轴转速就能使桨叶表面产生空泡。表 1-1 两个案例表明,液相变为气相可有两种不同的形式,一种沸腾,另一种是空化。沸腾过程一般包含汽化与凝结。具体而言,汽化是液体由于温度的升高,加剧液体中分子的运动,从而获得更大的动能,当分子具备的动能克服液体表面分子的吸引力而逃逸到界面外时,即从液相转化为气相的过程。凝结为汽化的逆过程。同样,空化也包含汽化与液化过程,其中汽化对应空化的产生与发展,液化对应空化的溃灭。

液体汽化有蒸发与沸腾,蒸发是相对平静的过程,任何温度均可发生。而沸腾是剧烈过程,只有当液体局部温度达到沸点才能发生。增加温度或降低压力可促进汽化的发生。

空化一般是常温液体内部,由于局部压力降低,而发生的汽化现象。空化过程中的汽化对应空化起始是突然产生的;其液化过程对应空化的溃灭,是突然与剧烈的。空化的汽化与蒸发、沸腾之间区别如表 1-1 所示。

表 1-1　空化的汽化与蒸发、沸腾的比较[5]

汽化不同因素	液体汽化类型		
	蒸发	沸腾	空化起始
发生部位	自由表面	液体内部	液体内部

续表

汽化不同因素	液体汽化类型		
	蒸发	沸腾	空化起始
发生范围	整个自由表面	整个液体内部	液体内部的局部区域
发生温度	任何温度	沸点温度	常温
发生过程	平静的	剧烈的	突然但不剧烈的
动力因素	温度或压力	温度	压力

空化与沸腾虽然都会使液体汽化,即都会产生相变过程,但导致液体汽化的原因是不同的:空化属于动力学原因,即因流体动力作用产生低压所致,且可能出现破坏性空蚀与强烈噪声现象;沸腾属于热力学原因,即通过加热使液体内部分子活动加剧,一般不会出现破坏性现象。

以上分析表明,空化本质主要体现在以下几个方面:

(1) 空化是液体特有的现象,固体与气体没有空化现象;

(2) 空化是流体动力作用下,液体内部或与固体边界上局部压力低于某一个临界值后才会产生的特有现象,即相变;

(3) 空化存在时序特点,其寿命存在周期,即初生、发展与溃灭过程。

1.1.4 空化研究的相似参数

众所周知,描述空化及表征空化相似准则的是无量纲的空化数 σ,又称空泡数,其常见定义形式为

$$\sigma = \frac{p_\infty - p_v}{\frac{1}{2}\rho v_\infty^2} \tag{1-1}$$

式中:p_∞ 与 v_∞ 为无限远处的静压力和流速,实际应用时多指未经扰动的参考截面处静压力与流速;ρ 为液体的密度;p_v 为液体在该温度下的饱和蒸汽压力。式(1-1)中分母是指流体动压头,表征空泡产生的动能因素;分子是指饱和蒸汽的内外压差,是促进溃灭的因素。因此,空化数表征液体中空化抑制与反抑制的两个因素之比。

自1924年美国学者托马斯提出空泡数以来,人们对空泡的研究就有了定量的描述,可对空泡产生的过程进行研究。如初生空泡通常是指保持速度不变,进行减压,直到在初生压力 $p_{\infty i}$ 下出现空化为止,因此初生空泡数 σ_i 定义为

$$\sigma_i = \frac{p_{\infty i} - p_v}{\frac{1}{2}\rho v_\infty^2} \tag{1-2}$$

当然也可以保持压力不变,通过增加流速或者压力与流速同时变化来达到空

化起始,此时起始空泡数定义为

$$\sigma_i = \frac{p_{\infty i} - p_v}{\frac{1}{2}\rho v_{\infty i}^2} \tag{1-3}$$

当物体无空泡流动时,设物面上最低压力为 $p_{\min}$,则最低压力系数为

$$-C_{p_{\min}} = \frac{p_\infty - p_{\min}}{\frac{1}{2}\rho v_\infty^2} \tag{1-4}$$

在空泡研究的经典理论中认为,空洞起始产生的条件为,$p_{\min} = p_v$ 的时刻与场所,此时:

$$\sigma_i = -C_{p_{\min}} \tag{1-5}$$

空泡理论研究表明,式(1-5)仅对泡内含有蒸汽而产生空泡的一种近似描述。而且即使是蒸汽空泡,通常也是 σ_i 略低于 $-C_{p_{\min}}$ 时才出现肉眼可见的气泡。图1-2利用空泡数描述空泡发展的不同阶段。当 $\sigma > \sigma_i$ 时,无空泡产生;当 $\sigma = \sigma_i$ 时,空泡刚好产生,此时螺旋桨效率不受空泡影响,辐射噪声有明显升高;当 $\sigma < \sigma_i$ 时,空泡发展,产生局部附着空泡,此时螺旋桨效率略有抬升或不变,伴随较强的噪声与振动存在;当 $\sigma \ll \sigma_i$ 时,空泡充分发展,形成超空泡,螺旋桨效率明显下降,辐射噪声相对最大值有所降低。空泡数能定量描述空化产生的不同阶段,为广大科研工作者研究空泡机理及其产生的后果打下良好的基础。

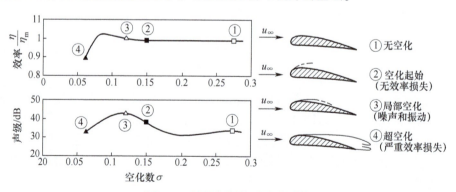

图 1-2 空泡发展的不同阶段[6]

空泡数虽然可定量地描述空泡产生时的不同阶段,但也存在一定不足,空泡产生时的特征常与所产生的局部位置及压力密切相关,而空泡数中并没有体现局部压力与流速特征。另外,空泡的产生还与总的空气含量(溶解于水中的气泡)、水中离散的大气泡、气核谱的分布、边界层的流动、物体尺度以及来流速度大小等因素相关,因此对空泡性能的研究既需要从流体力学角度入手,又要结合实现中的物

理现象与因素,才能更加准确地描述空泡的特征。

1.2 船舶空化产生的形式与危害

在船舶螺旋桨研究领域,最为常见的空化现象是螺旋桨桨叶表面产生的空泡,还有各种附体如舵、支架、鳍、球首以及凸体、凸台等产生的空泡。在船舶行业,在绝大多数情况下,空泡的存在不利于其相关设备或构件的水动力性能。

1.2.1 船舶螺旋桨表面空泡形式

船舶螺旋桨在水中工作时,桨叶的叶背压力降低形成吸力面,当桨叶吸力面某个半径叶切面处压力降低至该水温下的饱和蒸汽压以下时,会导致爆发式的汽化,水中的气核迅速膨胀,形成可见的气泡,这些气泡称为空泡。图1-3为螺旋桨模型试验中观察到桨叶表面的空泡照片。

图1-3 螺旋桨模型试验中观察到桨叶表面的空泡[7]

根据空泡的定义,空泡是产生在液体内部或物体界面上,在流体动力作用下发生的液体与其对应蒸汽的相变过程可知,其机理非常复杂,涉及物理、流体力学、船舶工程、材料学等多学科融合。目前,有关空泡机理的研究表明,空泡起始必具备以下三个必要条件:

(1) 液体中存在气核,且达到一定尺度;
(2) 在物体的界面或液体中的某个局部区域达到足够的低压;
(3) 液体中的气核在低压区中滞留足够的时间。

在螺旋桨模型空泡试验中,为了获得与实体相似的空泡形态,应控制以上三个条件与之相似,才能模拟桨叶表面空泡形态。

螺旋桨桨叶表面空泡形态主要有以下四种类型:

1. 涡空泡

涡空泡通常出现在螺旋桨的叶梢(梢涡空泡)和根部(毂涡空泡),螺旋桨桨叶叶背、叶面随边曳出的不稳定自由涡片,形成两股大的漩涡,此漩涡在桨叶梢部汇集形成梢涡,此漩涡在根部汇集形成毂涡。由于漩涡中心的压力最低,当环境压力降至某一个临界压力时,在漩涡中心首先产生涡空泡。

在螺旋桨模型空泡试验中,有时会在叶梢梢部后方先观察到这种空泡,随着压力的进一步降低,螺旋型的涡空泡向前移动并与叶梢连接,形成附着涡空泡。通常情况下,梢涡空泡和毂涡空泡是螺旋桨模型试验时最容易被观察到的螺旋桨空泡现象。当螺旋桨在丰满的船体尾部工作,且负荷较重,桨叶与船底之间间隙较小时,螺旋桨梢涡空泡的另一端有可能与上方的船体连到一起,这种涡空泡称为船-桨连体涡空泡(propeller hull vortex cavitaiton,PHVC)。图1-4(a)为模型试验时观察到的螺旋桨梢涡空泡,图1-4(b)为模型试验时观察到的螺旋桨毂涡空泡,图1-4(c)为模型试验时观察到的船-桨连体涡空泡[8-9]。

(a) 螺旋桨梢涡空泡

(b) 螺旋桨毂涡空泡

(c) 船-桨连体涡空泡

图1-4 涡空泡形态

涡空泡对螺旋桨的水动力性能影响较小,对材料的剥蚀也没有什么威胁,但船-桨连体涡空泡存在时,将产生很高的局部脉动压力与局部振动超标问题。此外,梢涡空泡和毂涡空泡往往使螺旋桨的噪声有明显的增大。

2. 泡空泡

泡空泡通常是指在桨叶(翼型)某切面最大厚度处产生的空泡,呈单个气泡形状。产生这类空泡的原因是螺旋桨桨叶剖面在较小的攻角下工作,导边附近还未出现负压峰,叶剖面的最低压力处于最大厚度附近。由于该处压力变化相对平缓,因此有时可见单个气泡的成长而产生泡空泡。

由于泡空泡总是处于生长、溃灭、再生长、再溃灭直至消失的循环过程中,因此一旦出现泡空泡,将对螺旋桨表面产生很大的破坏作用。大量研究和试验结果均证实,虽然泡空泡对螺旋桨水动力性能影响不大,但泡空泡容易产生空泡剥蚀,且其产生的噪声是所有空泡噪声中最严重的,属单极子噪声源。因此,在螺旋桨设计中必须加以避免。图1-5为螺旋桨模型空泡试验中见到的泡空泡。

图1-5 泡空泡[3]

3. 片空泡

片空泡通常在螺旋桨桨叶外半径导边附近产生,呈膜片状,不同半径处长度不一。随着螺旋桨转速的增加,流向螺旋桨叶剖面的合成速度和叶剖面攻角增大,这时在导边附近出现负压峰。可以观察到空泡从桨叶叶背外半径导边附近出现并逐渐向内半径扩展,在桨叶叶背形成片空泡。

螺旋桨模型空泡试验时,可以观察到的片空泡像一片水银状的膜片盖住叶背的表面,光滑、透明。在均匀流中,这类空泡比较稳定,因而有时称为定常空泡。但对高速摄像机拍摄的照片进行分析后发现,这类空泡并不稳定,而是存在空泡向下游冲刷、回射和断裂三个循环过程,只是每一个循环过程的时间很短,故很难用肉眼观察识别。

在叶背出现片空泡的初期,由于覆盖桨叶表面的面积较少,对螺旋桨的水动力性能无显著影响,而当空泡覆盖桨叶表面的面积到一定程度时,进入第二阶段空泡时,螺旋桨的推力和扭矩下降,引起推进效率降低。

片空泡末端的流动是极不稳定的,通常存在一定空泡尺度的收缩、部分空泡的溃灭和脱落,即回射与剪切。因此当螺旋桨出现片空泡时,螺旋桨诱导的脉动压力将增大,螺旋桨的噪声增高。

片空泡不仅在叶背(吸力面)上出现,有时在桨叶叶面(压力面)上也会出现。叶面片空泡将会产生很高的噪声,甚至引起桨叶叶面的剥蚀,在螺旋桨设计中必须避免。图1-6为螺旋桨模型试验中见到的片空泡。

图1-6　片空泡(圈内部分)

4. 云雾状空泡

云雾状空泡一般不透明,由许多微气泡组成,形如一团云朵。当螺旋桨在不均匀流场中工作时,桨叶切面的工作状态在一转中周期性地变化,桨叶上的空泡周期性地产生和消失,空泡与桨叶表面若即若离,这样桨叶表面脱落的空泡就形成一团雾状空泡。因为每一股雾状空泡的产生均伴随着空泡的溃灭,所以当溃灭紧贴桨叶表面时,会对桨叶表面产生严重的空泡剥蚀,并伴有很高的噪声,其危害很大。图1-7为螺旋桨及舵翼模型在试验中拍摄到的云雾状空泡。

随着对螺旋桨空泡现象的不断深入研究,人们对空泡的分类也越来越细,如梢涡空泡可分为导边分离涡空泡、附着涡空泡、脱体涡空泡等。在螺旋桨模型空泡试验时,有时也会出现不在上述分类中的空泡类型。如当桨叶的导边处存在孤立的凸粒时,可观察到沿弦向的条带状的空泡(有时称为条状空泡);如当桨叶表面处存在孤立的凸粒时,可观察到桨叶表面斑点状的空泡(有时称为斑点空泡)。通常的空泡类型还是以以上4种分类方法为主导。

 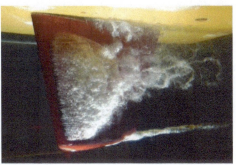

图 1-7　云雾状空泡

1.2.2　船舶附体空泡产生的形式

当船舶在高速航行时,船舶某些附体如舵、鳍在较大攻角时容易产生片空泡及涡空泡,如图 1-8 所示。多桨推进水面舰船的轴支架在螺旋桨的抽吸作用下,高速航行时,支架臂上容易产生片空泡,如图 1-9 所示。节能装置伸出的翼或鳍上容易产生涡空泡等,如图 1-10 和图 1-11 所示。

 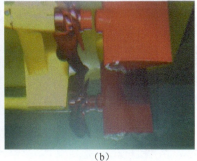

(a)　　　　　　　　　　　　　(b)

图 1-8　舵侧面片空泡及端面片空泡、涡空泡

图 1-9　双臂支架支臂侧面片空泡

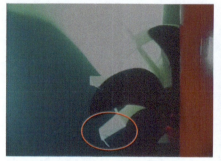 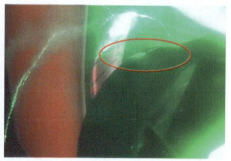

图 1-10 节能装置翼端涡空泡及导管尾部表面片空泡

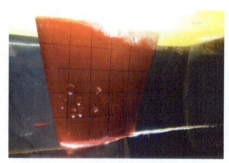 

图 1-11 减摇鳍侧面泡、云雾状空泡及端面涡空泡

1.2.3 空泡表示方法

为了清晰地描述螺旋桨或附体表面产生的空泡区域、空泡位置(径向和弦向位置)、空泡形态(空泡类型)以及空泡的变化状况(是否稳定、是否定常、不同角位置的变化)等,要求采用统一的表示方法加以描述。模型空泡试验时,不同空泡类型与状态的表示方法如图 1-12 所示。

1.2.4 空泡产生的危害

1. 空泡剥蚀危害

船舶螺旋桨或附体表面空泡均处于非均匀流场之中,其表面的空泡周期性地产生、发展与溃灭。空泡溃灭时会产生强大的瞬时压力脉冲,当溃灭发生在固体附近时,水流中不断溃灭的空泡形成大量的泡沫状微小汽泡,这些微小汽泡在溃灭时的瞬时冲击压力之下,敲击固体表面,且反复作用,可破坏固体表面结构,使之产生塑性变形或凹坑,这种现象称为空泡"剥蚀"(cavitation erosion)。现以单个球形气泡静平衡受力来说明气泡溃灭时对固定表面的破坏作用,如图 1-13 所示。

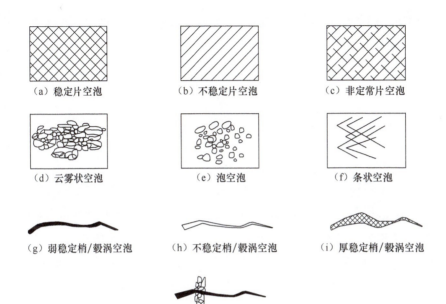

图 1-12　不同空泡类型与状态的表示方法[10]

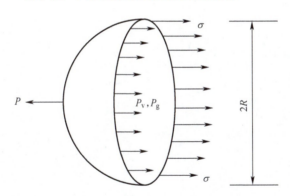

图 1-13　球形气泡静平衡受力示意图

单个球形气泡的平衡方程为

$$P = P_v + P_g - \frac{2\sigma}{R} \tag{1-6}$$

式中：P 为周围液体的环境压力；P_v 为饱和蒸汽压力，$t=15℃$ 时，$P_v = 1.7 \times 10^3 Pa$ ≈ 174kgf①/m²；P_g 为泡内的不可凝结气体压力；σ 为汽液界面上的表面张力，对

---

① 　千克力、公斤力，1kg=9.8N。

于气水界面，$\sigma \approx 7.5 \times 10^{-3}$ kgf/m；R 为球泡的半径。假设泡内的气体服从理想气体状态方程，则

$$\begin{cases} P_g = A/R^3 & (1-7) \\ R_0 = \sqrt{\dfrac{3A}{\sigma}} & (1-8) \\ (P-P_v)_0 = -\dfrac{4\sigma}{3R_0} \end{cases}$$

式中：A 为基于理想气体方程获得的常量。对于纯气泡，$P_g = 0$，则 $P = P_v - \dfrac{2\sigma}{R}$。当 $R \approx 10^{-10}$ m，则压力 P 达吉帕量级，远超现在所有材料的极限抗拉强度。对于纯气泡而言，压力随半径 R 的变化是单调变化的，它属于不稳定平衡状态，因此纯气泡不能持久存在。而实际的水中，无论淡水与海水中含有各种杂质及气核等，且能达到很大的数值，当 R 较小，且靠近壁面时，仍可达兆帕量级，因此空泡的溃灭仍可破坏固体壁面，而产生剥蚀现象，如图 1-14 所示。

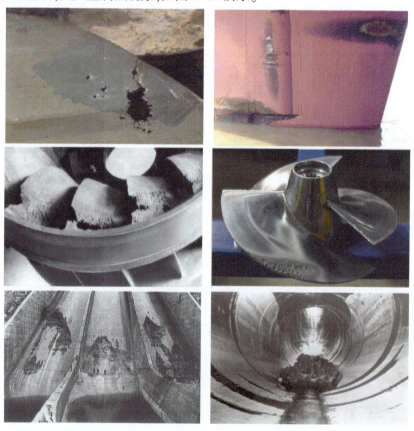

图 1-14　工程上常见的剥蚀现象[11]

2. 局部振动噪声危害

当螺旋桨在船后方周期性运转时,其桨叶表面产生的空泡周期性地产生、发展、溃灭。当空泡溃灭时产生的瞬时压力脉冲传递到桨叶上方船底板表面时,产生脉动的表面力,即脉动压力。当脉动压力幅值超过临界时,与船艇结构耦合作用,激励船舶艉部局部结构共振,引起船艇局部振动超标问题,并伴随强烈的辐射噪声。空泡诱导的脉动压力可以采用单个气泡动态特征来说明,即气泡体积变化与其诱导的脉动压力之间关系。单个气泡动态特征采用泡动力学方程[12]来表示,其结果如图 1-15 所示。当环境压力降到一定程度时,水中气核开始生长,形成气泡,且气泡体积增加时,对周围某监测点处产生的压力先产生一个次高峰,随着气泡体积达到最大,监测点处环境压力降到最低;随着气泡开始收缩到一定程度,监测点处压力达到最大峰值;当气泡体积进一步减小,压力逐步恢复到初始环境压力。

$$\Delta P(r,t) = \frac{\rho}{4\pi r} \cdot \frac{\partial V_b\left(t - \frac{r}{c}\right)}{\partial t^2} \tag{1-9}$$

式中:r 为气泡到压力监测点处距离;c 为声速;t 为时间;V_b 为气泡体积,$V_b = 4/3\pi R_b^3$,R_b 为气泡半径。

图 1-15 显示了液体中单个气泡体积变化与距离 r 处液体内压力之间的关系。其中纵坐标为气泡体积与压力,横坐标为时间。图中上半部分曲线为液体中单个气泡体积变化曲线,下半部分为距离气泡 r 处的压力变化曲线。当气泡体积逐步生长变大时,压力随之升高并达到一个次高峰;随着气泡体积进一步增加,但其增

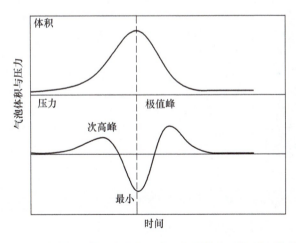

图 1-15 单个气泡体积变化与距离 r 处液体内压力之间关系[12]

加速率减小,压力随之降低;当气泡体积达到最大时,压力降到最低;随着气泡体积由最大溃灭减小时,压力逐步升高,并达到极值,气汽完全溃灭消失后,压力恢复到起始状态。

在了解了单个气泡与之诱导的压力之间关系,有利于增强我们对桨叶表面空泡与脉动压力之间关系的理解与把握。在研究桨叶表面空泡与船底表面脉动压力演变规律特征时,可以通过高速摄像与脉动压力同步测量来获取空泡发展过程中的时序图像与压力时域信号,并基于此分析两者之间的演变规律。如某全附体船舶模型在循环水槽中开展的空泡脉动压力试验[10],此船为四叶螺旋桨,在指定工况下,在 12 点钟位置±60°时范围内,只有一个桨叶产生空泡。利用高速摄像与脉动压力同步测量,获得了桨叶表面空泡变化过程中对螺旋桨上方船底表面诱导的脉动压力时域信号,如图 1-16 所示。当桨叶导边空泡起始时,脉动压力时域信号开始上升,随着桨叶表面空泡体积增加,脉动压力信号达到次高峰位置并开始下降。当桨叶表面空泡体积进一步增加达到最大时,压力信号达到最低值,当桨叶表面空泡由最大开始溃灭时,压力信号达到最大峰值。此过程形成了桨叶表面空泡从其产生、发展到溃灭过程的完整周期。桨叶表面空泡与船体表面压力之间的关系和单泡与周围压力之间关系相似。

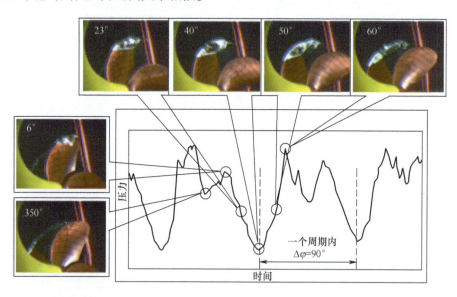

图 1-16　桨叶表面空泡体积变化与诱导的压力之间关系[10]

当桨叶表面产生不稳定的片空泡且桨叶梢部离船底较近时,由空泡诱导的脉动压力形成较强幅值的多阶叶频分量,这些高阶叶频分量易与船艉局部结构耦合而导致局部振动及噪声超标[13~14]。如某双桨客滚船在进行模型空泡试验评估时,发现桨叶表面空泡不稳定,如图1-17所示,且桨叶梢部与船底部距离相对较小,模型试验预报的实船脉动压力幅值达3.2kPa。

图1-17 某双桨客滚船模型及桨叶表面空泡特征

基于标准ISO6954:2000《客船和商船适居性振动测量、报告和评价准则》的允许数值,如表1-2所示,本船振动响应幅值按全频率计权,均方根值进行评价,船体不同甲板区域如图1-18所示,适居性的评估振动数值限值如表1-3所示。高于上限值认定为有害振动,低于下限值为无害振动,介于上下限间的船体振动,通常认为可以接受范围。

表1-2 振动响应评估限值规范

区域划分	A		B		C	
单位	mm/s²	mm/s	mm/s²	mm/s	mm/s²	mm/s
上限值	143	4	214	6	286	8
下限值	71.5	2	107	3	143	4

注:A代表乘客居住处所,B代表船员生活处所,C代表工作处所。

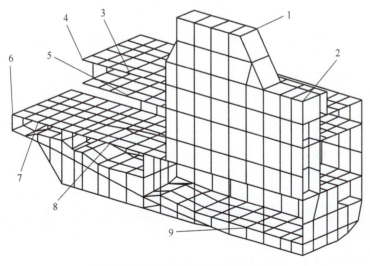

图1-18 艉部响应计算位置示意图

1—驾驶甲板后部;2—驾驶室;3—救生甲板艉部;4—救生甲板尾端;5—旅客甲板中部及艉部;
6—上甲板艉端;7—上甲板尾部板架;8—上甲板后部板架;9—机舱底部

表 1-3　艉部部分位置响应计算超限结果

计算点	方向	MCR 响应/ (mm/s)	最大响应/ (mm/s)	许用值/ (mm/s)	超标/%	最大响应转速/ (r/min)
救生甲板艉部	Z	8.332	8.332	8	4.2	MCR
上甲板尾部板架	Z	2.920	13.386	8	67.3	198
上甲板后部板架	Z	10.932	10.932	8	36.7	MCR

　　为释放此船实船振动超标风险,中国船舶科学研究中心循环水槽实验室为该客滚船提供了实船解决方案,采用船用涡流发生器,改善桨叶前方来流条件,增加空泡稳定性,降低脉动压力幅值级别,有效降低船尾局部振动水平,最终被实船采用,且试航结果表明,安装涡流发生器后,船艉振动级满足规范要求,无振动超标现象,效果良好。

　　空化产生的危害主要以剥蚀及振动、噪声超标为主要特征,当船舶附体或推进器产生剥蚀风险时,会影响其安全性能,须重新优化设计可能产生剥蚀风险的构件,或改善局部空泡形态,提升抗剥蚀风险。当存在局部振动或噪声超标时,可从改善引起此问题前端来流为切入口,增加空泡的稳定性,减小局部脉动压力,从而降低局部振动与噪声超标问题。

参 考 文 献

[1] 黄继汤. 空化与空蚀的原理及应用[M]. 北京:清华大学出版社,1991.

[2] 罗先武,季斌,彭晓星,等. 空化基础理论及应用[M]. 北京:清华大学出版社,2020.

[3] KUIPER G. Lecture about cavitation and erosion[R]. Wuxi: CSSRC,2007.

[4] DE GRAAF K L ,PEARCE B W,BRANDNER P A. The influence of nucleation on cloud cavitation about a sphere, International Symposium on Transport Phenomena and Dynamics of Rotating Machinery[C]. Hawaii: ISROMAC16,2016.

[5] 潘森森,彭晓星. 空化机理[M]. 北京:国防工业出版社,2013.

[6] ROGER E. A. Recent advances in cavitation research [J]. Advances in Hydro science, 1981(12):1-78.

[7] HUANG H, LU F. An application research on vibration reduction for multi-purpose vessel with vortex generator[J]. China Ship Building,2011(S1):35(2):1-13.

[8] LU F,HUANG H,ZHANG Z,et al. The application of the vortex generator to control the phv cavitation[J]. Journal of ship mechanics,2009,13(6):873-879.

[9] 曹彦涛. 云空化演化过程及流动特性研究[D]. 北京:中国舰船研究院,2014.

[10] 张传鸿,陆林章,陆芳. 螺旋桨空泡观测的高速摄影技术研究[C]. 吉林:第十四届全国水

动力学学术会议暨第二十八届全国水动力学研讨会,2016。

[11] LACOEFFRE Y. Cavitation[R]. 无锡:中国船舶科学研究中心,1999.

[12] HOSHINO T,JUNG J,KIM J,et al. Full scale cavitation observations and pressure fluctuation measurements by high-speed camera system and correlation with model test[C]. Okayama,Japan:IPS'10,2010.

[13] HUANG H,DONG Z,XUE Q,et al. Effective measures of eliminating propeller-hull vortex cavitation[C]. Espoo,Finland:The fifth international syposium on marine propulsors,2017.

[14] 黄红波,陆芳,丁恩宝,等. 流发生器在民船减振上的应用研究[J]. 中国造船,2011,51(1):68-75.

第 2 章 船舶空化性能模型试验设施

空泡是一种复杂的二相流体动力学问题,空泡的研究已持续一百多年,当前,对于船舶领域空化现象的研究,以缩比模型试验研究为主,以数值仿真为辅。本章从研究空化的目的、空化控制方法、空化研究试验设施的特点、船舶空化试验设施、船舶空化研究主要测量设备及空泡水筒/循环水槽水速测量原理与流动品质测量方法 5 个方面介绍船舶空化模型试验设施。

2.1 空化研究的目的与控制方法

空化经常产生于相对运动的低压液体环境区域,即液体流经的局部区域。当其压力低于临界值(通常指饱和蒸汽压力)时,溶解及离散于液体内部的微气泡就会迅速膨胀而产生空泡而形成空化现象,此时在液体中挟带大量的气泡而形成"两相流"运动,空化的产生破坏了原来液体在宏观上的连续性,当这些空泡流经下游较高压强时,空泡将发生溃灭(collapse),产生强烈的压力脉冲,发出较强烈的噪声,因此空化现象具有非恒定与高速动态的特征。

对于船舶而言,空洞起始、发展和溃灭过程均是在三向不均匀的复杂船后伴流场中形成的,加之空泡高速动态发展变化的特点,致使人们无法用肉眼分辨其细节与动态变化过程,通常只获得一种宏观的感观认知。因此,对于空泡特性的研究必须通过现代的一些测试手段,人为地将空泡变化过程以影像形式减慢,局部定位与"冻结",观测其演化规律。另外,对于船舶而言,因为空泡产生的位置通常是我们无法接近的部位,所以对其观测必须采取专门的应对措施,否则无法观测。正因为如此,建立空化研究试验设施的目的主要有以下几个方面:

(1) 在实验室环境下重现空化现象;
(2) 研究并预报空化对被研究对象水动力性能的影响;
(3) 为设计者提供更为优秀方案验证的测试平台;
(4) 为计算流体力学(CFD)发展与验证提供有效数据集。

空化研究经历了百余年,到目前为止,对空化产生、发展与溃灭的机理还有很多待解决的问题。一方面是源于空泡本身流动的复杂性,诸如与流动边界条件、流体流速、局部绝对压力以及边壁表面状态所受的压力梯度相关;另一方面影响空泡产生的介质因素众多,如水中气核大小、数量、分布形式以及水体本身的黏性、表面张力等。因此,研究空化现象的主要设施必须提供可控的产生空泡的条件,通过控制条件参数可复现各种空泡现象,并采用先进的测量手段探测和确定空化产生的位置、程度、类型,并聚焦动态运动过程。根据第1章介绍的表征空化研究的相似参数为空泡数 $\sigma = (p_\infty - p_v)/(\rho v_\infty^2/2)$,空泡数的大小主要由环境压力与来流水速来决定可知,研究空化的试验设施必须具备压力可控、水速(转速)可控,才能对空泡现象进行模拟与研究。试验研究与原型研究相比,省时省力,且条件可控,现象可重复,可以研究比原型更多的状态,可将空化的类型、位置、程度随时间变化的特性详细记录,并对其作各种相关分析。因此,采用合适的条件、可控的试验设备研究空泡特性是非常必要的。

2.2 空化研究试验设施的特点

1895年,在英国"果敢"号鱼雷艇和几艘蒸汽机船相继发生螺旋桨效率严重下降事件以后,巴那贝和帕森斯[1-2]分析,产生此种现象的根源可能是液体和螺旋桨存在高速相对运动而出现空化,这是空泡被人重视与研究的开端。帕森斯于1895年建立了世界上第一个研究空化的小型钢质椭圆形水筒[3],其外形及拍摄的螺旋桨空化现象如图2-1所示。这是第一次通过实验室模拟空化现象,关于这种椭圆形水筒的空泡试验,帕森斯说:"为使螺旋桨更容易产生空化,将箱子封闭并用抽气泵抽除螺旋桨顶部水面上的大气压力,在此种情况下,原本在大气压力下,直径5.1cm,螺距7.6cm的螺旋桨在12000~15000r/min才能出现空化,在真空状态下1200r/min即可产生明显的空泡现象。"此结果表明低压加速螺旋桨表面空化的产生。

图2-1 帕森斯建立的世界上第一个水筒[3]

1910年,帕森斯在英国沃尔森德建造了一座大型空泡水筒,该水筒可开展直径30.5cm螺旋桨空泡试验。在欧洲,直至第二次世界大战期间,基于帕森斯试验水筒相同原理的基础上进行改进与完善,建成了几座新的空泡试验水筒。如1938年投入运行的荷兰船舶模型水池大型水筒[4](试验段为4m×φ0.9m),如图2-2

所示。在此期间德国汉堡水池(HSVA)在Kempf[5]教授领导下,建造了类似的空泡水筒,如图2-3所示。1934年,美国加州理工学院水力机械试验室[6]为研究水泵而建造了具备水流循环控制系统的空泡水筒。

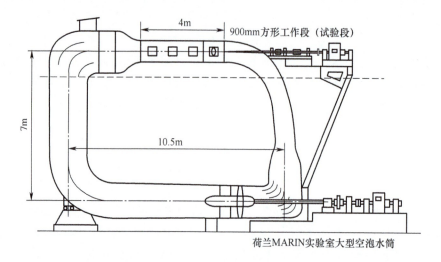

荷兰MARIN实验室大型空泡水筒

图2-2 荷兰空泡试验水筒

从图2-2和图2-3中几例空泡试验水筒结构形式看,已具备现代空泡水筒所具有的特点,对现代水筒的设计产生广泛而深远的影响。早期这些水筒基本特征:

(1)立式封闭的管道循环结构,循环结构系统,包括水泵和管路,用以驱动试验段水流稳定运行;

(2)工作段可以安装模型,并开设透明窗口用于空泡观测;

(3)具备空气泡重溶系统,当工作段处试验模型发生空化产生大量的气泡时,利用水筒自身高度压差,将循环管路水中产生的大气泡重新溶解于水中,使试验段前方来流中处于相对洁净的水体;

(4)空气含量控制系统,利用真空泵与除气塔可控制水中空气含量;

(5)电器控制系统,可以控制试验段流速、压力,使之保持在一定范围;

(6)水动力测量系统,可以利用天平测量模型试件的水动力特性;

(7)空泡观测系统,可以观测推进器或附体表面空泡演化过程。

当前,对空泡进行研究的试验设备与早期空泡水筒原理相似。在船舶空泡研究领域用于推进器模型空泡性能研究的试验设备主要有空泡水筒、循环水槽和减压拖曳水池。下面将简要介绍这三种模型试验设备的工作原理、主要性能参数、特点等。

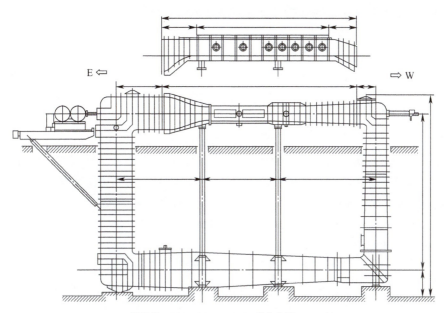

(a) 试验段：2.25m×0.6m×0.6m 最大水速 $v=12$m/s

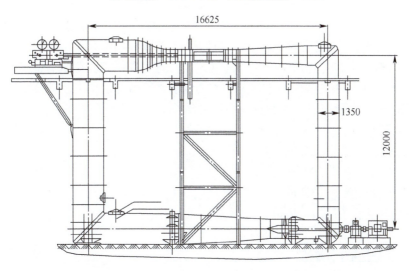

(b) 试验段：2.25m×φ0.6m 最大水速 $v=20$m/s

图 2-3 德国空泡水筒

2.3　船舶空化研究试验设施

船舶空化研究试验设施有以研究推进器为主的通用型空泡水筒，空化机理研究的小型多功能高速机理水筒以及开展全附体船舶模型空泡工程应用研究的大型循环水槽,以上空化试验设施多以立式封闭的管道结构为主,无自由液面。另一类空化试验研究设施为减压水池,即在拖曳水池基础之上,具备减压能力,此类设施具有自由液面。

2.3.1 通用型空泡水筒

通用型空泡水筒主要指试验段尺度(直径或等效直径)相对较小,可开展推进器、推进器+假船艉或金属网格进行螺旋桨空化模拟试验的设施,目前,全世界各类空泡水筒试验段等效直径多在1m以内。国内如上海船舶运输科学研究所有直径0.6m的立式空泡水筒,水利水电行业以及各高校船舶与海洋工程专业实验室还有大量小尺度高速水筒等,在此不一一列出。现以中国船舶科学研究中心的空泡水筒作详细说明。

中国船舶科学研究中心大型空泡水筒建成于1973年,水筒的筒体为立式、密闭、无自由液面的循环管道,上下管路中心总高50m,左右管路中心距长26.9m。其工作原理源于早期国外空泡水筒,是通过设置在空泡水筒下垂直管路中的水泵驱动筒体内的水循环流动,经整流、收缩使试验段(试验模型的工作区域)得到稳定、均匀的轴向流动速度,调节水泵转速可控制试验段中水的流动速度。空泡水筒筒体主要由直角弯头、稳定段、收缩段、试验段、扩散段和轴流泵等组成,还配置有调节压力的真空泵和空气压缩机及管道、阀门等;同时具备试验用水过滤、除气所需设备。图2-4为中国船舶科学研究中心的空泡水筒结构示意图及试验段照片。

中国船舶科学研究中心大型空泡水筒主要技术参数及特点如下。

(1) 大型空泡水筒主要技术参数:
- 主尺度　　　　26.9m×50.0m
- 工作段直径　　0.8m
- 工作段长度　　3.2m
- 水速范围　　　1~20m/s
- 压力调整范围　8~400kPa
- 最低空泡数(无模型) 0.15
- 螺旋桨模型最大直径 0.4m
- 收缩比　　　　9:1

(2) 主要的测试设备:
- 螺旋桨长轴动力仪;
- 斜流螺旋桨H51动力仪;
- 三维激光多普勒测速仪;
- 频闪仪;

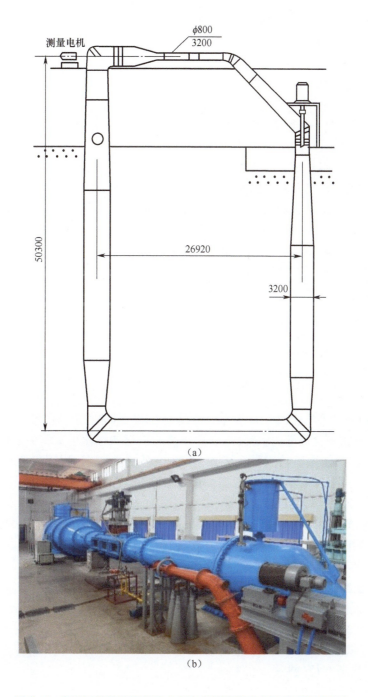

图2-4 中国船舶科学研究中心空泡水筒结构示意图及试验段照片

- ➢ 空气含量仪；
- ➢ 脉动压力测试系统；
- ➢ 噪声测量系统等。

(3) 空泡水筒的主要特点：
- ➢ 试验段流体速度高、最低空泡数低；
- ➢ 试验段具有扩散角，整个试验段内速度一致性较好；
- ➢ 收缩比大(9∶1)，试验段水速紊流度低；
- ➢ 具有重溶器，试验段来流水质洁净，自由离散气泡少。

(4) 空泡水筒可开展的模型试验项目：
- ➢ 均匀流场或模拟伴流场(网格或假艇与网格组合)下的螺旋桨空泡水动力性能试验；
- ➢ 螺旋桨空泡观测与空蚀试验；
- ➢ 螺旋桨诱导船体脉动压力测量；
- ➢ 螺旋桨、轴支架与舵组合体的空泡观测；
- ➢ 螺旋桨周围的流场测量；
- ➢ 水下回转体的空泡观测；
- ➢ 螺旋桨模型噪声测量。

2.3.2 小型多功能高速机理水筒

中国船舶科学研究中心小型多功能高速机理水筒是目前国内唯一可独立控制水中气核分布和含气量的水筒，主要用于流动机理和空化机理相关的试验研究。设备主要由筒体、电机轴流泵系统、供水系统、压力控制系统、播核除气系统等组成，如图2-5、图2-6所示。可根据试验需求更换方形、圆形两种试验段，方形试验段尺寸为1600mm×225mm×225mm，最高水速为25.0m/s，主要用于水翼等方面的研究；圆形试验段尺寸为1600mm×φ350mm，最高水速为15.0m/s，主要用于回转体等方面的研究。试验段中心线压力范围10~500kPa。

小型多功能高速机理水筒主要技术参数及特点如下。

(1) 主要技术参数：
- ➢ 主尺度　　　　　　13.5m×7.6m
- ➢ 工作段尺度(方)　　0.225m×0.225m
- ➢ 水速范围(方)　　　1~25m/s
- ➢ 工作段直径(圆)　　0.35m
- ➢ 水速范围(圆)　　　1~15m/s
- ➢ 工作段长度　　　　1.6m
- ➢ 压力调整范围　　　10~500kPa

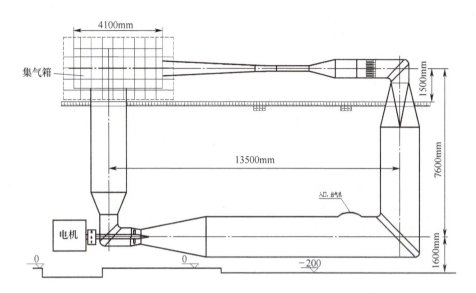

图 2-5　小型多功能高速机理水筒剖面示意图

图 2-6　小型多功能高速机理水筒及机翼试验照片

- ➢ 最低空泡数(方)　　0.025
- ➢ 收缩比　　　　　　6.6∶1

（2）主要的测试设备：
- ➢ 三维激光多普勒测速仪；
- ➢ 频闪仪；
- ➢ 空气含量仪；
- ➢ 高速摄像机；

➤ 脉动压力测试系统、噪声测量系统等。

(3) 水筒的主要特点：
➤ 试验段气核分布与气体含量可控；
➤ 试验段具有扩散角,整个试验段内速度一致性好；
➤ 收缩比大(6.6∶1),试验段水速紊流度低；
➤ 带有集气箱,试验段来流清晰,无自由气泡。

(4) 小型多功能高速机理水筒可开展的模型试验项目：
➤ 均匀来流和振荡来流下相关试验；
➤ 流场细节显示与测量；
➤ 水翼、回转体空化观测和水动力测量；
➤ 空化噪声机理研究；
➤ 空蚀试验；
➤ 脉动压力测量；
➤ 通气超空泡试验；
➤ 其他流动机理和空化机理试验。

2.3.3 大型循环水槽

目前全世界具有大型循环水槽的科研院所或企业共有十几家,如表 2-1 所示,各国循环水槽根据研究对象不同,试验段截面形状分为两大类:①扁平长方形柱体结构,以开展水面船舶推进器性能检测为主;②正方形(近似正方形)柱体结构,开展水下回转体推进器性能检测的同时,兼顾水面船舶推进器性能的检测与评估。方形截面试验段对水槽尺度要求更高,即要求更大尺寸试验段,如美国大型空泡水槽(large cavitation channel,LCC)[7]试验段为 3m×3m×13m。现阶段大型循环水槽试验段为立式、封闭的管道结构,少数水槽试验段有带自由液面的开口形式,如早期法国 GTH 某一试验段,现在已更改为封闭形式。上海七〇八研究所水槽为带自由液面的开口形式。循环水槽是研究全附体船模带推进器空泡性能研究的利器,在具备研究空泡性能的同时,一般在循环水槽试验段下方设置较大的噪声测量舱,用以对船舶及推进器水动力噪声性能的研究。

国际上著名的循环水槽实验室外观或结构形式如下:美国 LCC,如图 2-7 所示;德国大型水动力和空泡水筒(Hydrodynamik and Kavitation,HYKAT)[7],如图 2-8 所示;法国大型水动力空泡水筒(Grand Tunnel Hydrodynamique,GTH)[7],如图 2-9 所示;瑞典船舶研究中心水池(Swedish State Shipbuilding Experimental Tank,SSPA)[8],如图 2-10 所示。目前中国船舶科学研究中心的循环水槽除借鉴美国大型循环水槽的经验外,主要参照德国 HYKAT 循环水槽的特点进行建设,其尺度大小及功能与 HYKAT 相当。综合上述因素,本书重点介绍中国船舶科学研究中心的循环水槽具体参数与特点。

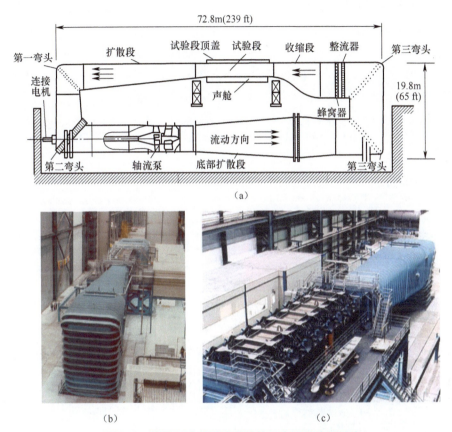

图 2-7 美国 LCC 循环水槽结构示意图及外观照片

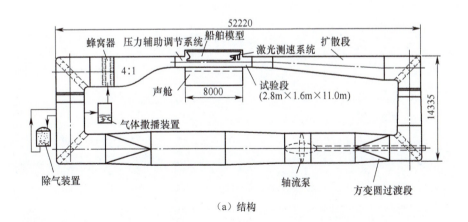

（a）结构

（b）外观1

（c）外观2

图 2-8　德国 HYKAT 循环水槽结构示意图及外观照片

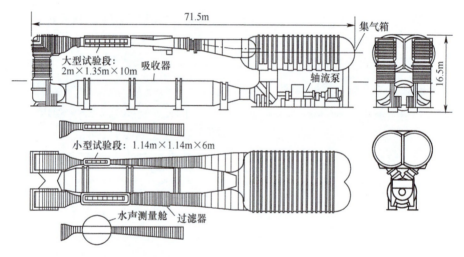

图 2-9　法国 GHT 循环水槽结构示意图

图 2-10　瑞典 SSPA 循环水槽外观照片

表 2-1 国内外大型空泡研究设施的主要参数和特性[9]

序号	设施	试验段主参数	总体尺寸/m	额定流量/(m^3/s)	水泵和电机	叶轮直径 ϕ/m	功率因子	国家
1	LCC	3.0m×3.0m×13.0m,流速:Max 18.0m/s	73×20	165	60 r/min & 10440kW	5.52	2.642	美国
2	Krylov	1.3m×1.3m×(7.0~8.0)m,流速:Max13m/s	—	22	—	—	—	俄罗斯
3	HYKAT	2.8m×1.6m×11m,流速:Max 12m/s	52×15	53.8	95r/min & 1700kW	3.775	2.277	德国
4	GTH	2.0m×1.35m×10m,流速:Max 12m/s	72×17	32.4	90r/min & 1800kW	—	1.296	法国
5	FNS	2.0m×2.0m×10m,流速:Max 15m/s	53×20	60	71r/min & 2800kW	4.3	2.411	日本
6	SSMB	3.0m×1.4m×12m,流速:Max 12m/s	36×13.2	50.4	65r/min & 2600kW	—	—	韩国
7	NTOU	2.6m×1.5m×10m,流速:Max 12m/s	49×18	46.8	—	3.44	2.407	中国台湾
8	CSSRC	2.2m×2.0m×10.5m,流速:Max 15m/s	55×16	66	75r/min & 3600kW	4.1	2.063	中国无锡
9	KRISO	2.8m×1.8m×12.5m,流速:Max 16.5m/s	60×19.8	83.2	70r/min & 4300kW	4.5	2.633	韩国
10	SSPA	2.6m×1.5m×9.6m,流速:Max 6.9m/s(Ⅱ)	24×15	26.9	—	—	—	瑞典
11	MARIC	1.8m×1.2m×10m,流速:Max 12m/s	49×14.6	26	125r/min & 1600kW	2.8	1.166	中国上海
12	SSSRI	3.0m×2.0m×13.5m,流速:Max 12m/s	60×22	72	85r/min & 3000kW	4.4	1.705	中国上海

31

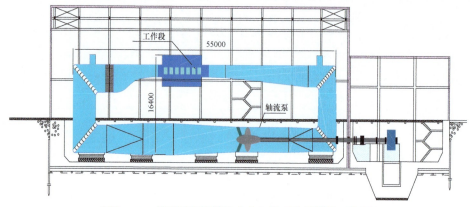

图 2-11　中国船舶科学研究中心循环水槽结构示意图

中国船舶科学研究中心大型循环水槽于 1998 年动工,2000 年建成,其结构示意图如图 2-11 所示。大型循环水槽于 2001 年通过竣工验收,2004 年通过鉴定。它是我国当前规模最大的大型空泡实验室,具有低湍流度、低噪声、精确模拟实船螺旋桨进流场等特点,可以承担各类水面舰船、水下航行器和民用船舶的整船模型带推进器的水动力性能测量、空泡观察、脉动压力测量、低频激励力测量、中高频噪声测量以及海洋工程结构物与流体相互作用下频率响应等试验,是新时期我国船舶推进器水动力、空泡、噪声和振动特性研究的最重要试验设备。循环水槽试验设施试验段如图 2-12 所示。

图 2-12　循环水槽试验设施试验段

大型循环水槽主要技术参数及特点如下。

(1) 主要技术参数：
- 主尺度　　　　　　　55m×16.4m
- 工作段尺寸　　　　　10.5m×2.2m×2.0m
- 收缩比　　　　　　　6.25∶1
- 扩散比　　　　　　　1∶2.96
- 水速范围　　　　　　1m/s～15m/s
- 速度不均匀度　　　　<1.0%
- 紊流度　　　　　　　<0.5%
- 压力调整范围　　　　10(顶部)～400kPa
- 最低空泡数(顶部)　　0.07
- 背景噪声　　　　　　≤95dB(315Hz～80kHz,6kn)
- 声阵形式　　　　　　68个水听器组成平面阵
- 电机功率　　　　　　3600kW,28极同步电机
- 轴流泵　　　　　　　直径4.10m,叶轮叶数7片,导叶叶数9片
- 最高转速　　　　　　90r/min

(2) 主要的测试设备：
- 水密螺旋桨动力仪；
- 频闪仪；
- 空泡观测系统；
- 脉动压力测量系统；
- 噪声测量系统等；
- 低频激励力测量系统；
- 高速同步测量系统；
- 三维激光测速系统。

(3) 水槽的主要特点：
- 大试验段。可开展直径为0.8m的水下全缩比模型及实尺度的鱼雷模型、长度为10m的全缩比水面船模型试验。
- 低背景噪声。水槽槽体、驱动电机等经过了有效的隔震处理,轴流泵采用低噪声设计。
- 优良的试验段流动品质,试验段水速均匀、稳定、湍流度低。

(4) 先进的噪声测量技术；

循环水槽的噪声测量系统,除了采用传统的单水听器测量系统外,还建有先进的声阵测量系统及信号采集与分析软件。声基阵安装于水槽试验段下方进行了吸声处理的水声舱(10.0m×2.2m×2.6m)内,可以沿模型长度方向及垂直方向移动。声基阵由3个子阵组成。3个子阵工作频率相互嵌套,整个声基阵由68个水听器

组成,声基阵的工作频率为315Hz~12.5kHz。声阵测量系统不仅可以提高测量信噪比,而且还具备对噪声源进行定位功能。

2.3.4 减压拖曳水池

减压拖曳水池是可以实施减压的船用拖曳水池,在结构形式上是在常规拖曳水池的基础上附加一个封闭壳体,它的工作原理与普通拖曳水池是一样的。其工作原理与空泡水筒的区别在于空泡水筒是试验中水体运动,模型不动,而减压拖曳水池是模型运动,试验水体不动。由于减压拖曳水池可以实施池内空间的减压,因此,试验中不仅可满足空泡数相似,同时可满足傅汝德数相似。兼有了普通拖曳水池和空泡水筒的特点。目前,全世界共有两座大型的减压拖曳水池,一座是荷兰MARIN的减压水池,其尺度为240m×18m×8m,另一座是中国船舶科学研究中心减压水池,图2-13为中国船舶科学研究中心减压拖曳水池。

图2-13 中国船舶科学研究中心减压拖曳水池

(1) 中国船舶科学研究中心减压拖曳水池的主要技术指标:
- 水池池体　　　　长150m,宽7.5m,水深4.5m
- 池内压力范围　　0.1~0.005MPa
- 拖车速度　　　　0.05~7m/s

(2) 减压拖曳水池的主要特点:
- 拖车的速度精度高;
- 自由表面可减压,试验时可同时满足空泡数和傅汝德数相似。

(3) 减压拖曳水池可开展的试验项目:
- 不同空泡数下的螺旋桨模型敞水试验;

➢ 船舶模型的阻力试验；
➢ 不同空泡数下的自航试验；
➢ 船舶模型周围和螺旋桨周围的流场测量。

由于减压水池在进行空泡试验时，以满足傅汝德数与空泡数相似为前提，因此对于螺旋桨空泡试验时，存在自身不足：

① 空泡试验时推进器其雷诺数较低，桨叶表面不易形成稳定空泡；
② 水池空间巨大，减压时间超长，效率低；
③ 采用保持水池主体长年低压（荷兰 MARIN 的减压水池）条件时，水中空泡含量过低，不利于空泡产生，需要设置专门的喷气装置，且不同试验其喷气流量需专门研究，此方法中同时需要对桨叶导边进行喷沙处理，加速螺旋桨叶片表面转捩，桨叶导边喷沙方法强烈依赖于个人经验，难以定量实施。

正因为减压水池本身特点，决定了空化试验不易于推广，目前全世界对船舶空化试验研究还是以立式封闭的空泡水筒及循环水槽试验设施为主。

2.4　船舶空化研究主要测量设备

空化是高速动态发展的一种物理现象，而在船舶空化研究领域，推进器（螺旋桨）的空化是最主要的研究对象，对空泡性能的观测，需要通过技术手段，在视觉观测范围内，"放慢"螺旋桨的转速，或通过频闪灯光定位"冻结"螺旋桨的运转，观测桨叶表面空泡起始、发展与溃灭过程；或通过高频帧的高速摄像技术，在连续强光源条件下，拍摄一系列照片，详细记录桨叶在运转过程中，空化发展情况。现对两种空泡观测方法介绍其测量设备。

2.4.1　常规空泡观测测量设备

常规空泡观测系统主要服务于船舶螺旋桨空泡剥蚀、局部振动风险工程评估，是一种宏观、快速把控空泡及脉动压力特性的试验方法。其主要测量设备如下：

1. 频闪仪

频闪仪的主要作用是，利用螺旋桨转速信号作为外触发信号，触发频闪灯光的启停。当螺旋桨某叶片旋转到某位置时，控制频闪仪转速信号的频率、相位与螺旋桨转动频率、相位完全相同时，在视觉上，螺旋桨冻结"静止不动"。当控制频闪仪转速信号的频率与螺旋桨运转频率相同，相位错位时，螺旋桨类似缓慢运转。通过对频闪仪的控制，我们能清晰地观测到螺旋桨桨叶表面空泡的动态特征。

2. 小型广角彩色 CCD 空泡观测系统

常规空泡观测用小型广角彩色 CCD 摄像系统，拍摄频帧为 25 帧/s，或 30 帧/s。因为模型螺旋桨空泡观测时，光源是通过频闪仪提供，所以选择 CCD 摄像系统不仅要在自然条件连续光照中具有较清晰图像,还要在频闪灯光照射条件下,对高速旋转物体(非频帧频率处)具有较清图像,且当螺旋桨转速与 CCD 摄像系统固定拍摄帧数不一致时,无黑屏现象产生。小型广角彩色 CCD 摄像系统如图 2-14 所示。

(a)小型彩色CCD

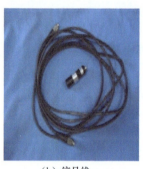
(b)信号线

(c)CCD信号调理盒

图 2-14　小型广角彩色 CCD 摄像系统

满足空泡观测试验要求的小型 CCD 摄像系统焦距调节范围与视觉宽广、分辨率高,且对高速旋转桨叶在频闪灯光下,能较好观测桨叶表面空泡,无黑屏现象。图 2-15(a)照片中黑屏线条影响空泡观测,特别是当螺旋桨转速与 CCD 摄像系统频帧相差越大,其黑屏线条越粗,几乎每一帧画面均存在,严重影响观测结果。而多数 CCD 摄像系统拍摄频帧为 25 帧/s,如果试验中,为减小黑屏线条的影响,模型试验中螺旋桨转速采用25r/s,则倍频与我国交流电频率为50Hz 相同,测量脉动压力时,会带来共频干扰的影响,如图 2-15 所示。

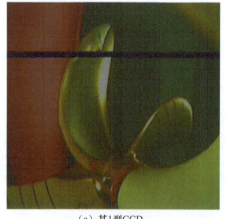
(a)某1型CCD

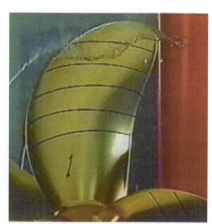
(b)某2型CCD

图 2-15　不同 CCD 摄像系统在频闪光下拍摄照片对比

在空泡观测时,一般同时进行空泡诱导的脉动压力与噪声测量,脉动压力及噪声测量设备在后续章节详细说明。

3. 存储视频编码器空泡摄像记录系统

在空泡观测中,用于可视化研究的 CCD 摄像系统固然是最重要的设备,同样重要的还有记录存储的相关设备,以往有关的大容量录像记录存储设备大多为磁带式刻录机。磁带式刻录机储存容量大,并且无损失不压缩地记录每一帧(每一幅)画面,录像回放时画面质量好,有保证,如松下或索尼公司多款录像机都可满足要求,但是磁带式刻录机通用性不强,其保存结果只能在固定的磁带机上播放。随着电子产品大量普及,以及数码产品广泛应用,目前磁带式刻录机生产厂家大多数停产,且其储存信号的磁带市面上已少见。目前市面上应用较广的为硬盘刻录机,主要用于画面监控,且 95% 以上均是记录静态画面或低速运动画面。其图像保存结果以 H263 压缩方式为主,即按一定方式压缩保存,对于静态画面或运动变化较缓慢的物体,此压缩方式回放时,仍可获得较清晰照片,但对于高速旋转且背景光线较弱的螺旋桨模型,此种压缩格式无法正常回放螺旋桨空泡动态画面,存在大量马赛克与拖影现象,不能清晰回放螺旋桨表面高速动态空泡影像资料。

为确保硬盘刻录设备毫无压缩地保存 CCD 摄像系统获取的每一帧画面,如磁带式刻录机一样,采用高性能视频编码器可满足此要求,且有多路信号输入。视频信号经过编码器后,通过局域网与个人计算机相连,可将视频信号保存到计算机硬盘上,保存结果不需编辑,可随时播放,如图 2-16 所示。

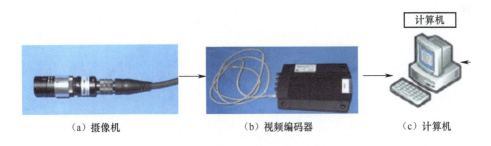

(a) 摄像机　　　　　　(b) 视频编码器　　　　　　(c) 计算机

图 2-16　视频编码器工作原理图

小尺度试验段的空泡水筒进行空泡试验时,采用高性能的摄像机也可,此类摄像机既可以通过调节设备快门频率与桨螺旋桨频率(频闪仪频率)相匹配进行拍摄,且设备以磁带作为存储介质,可获得较好的照片质量,但对于较大尺度试验段的循环水槽开始空泡试验,由于模型对光线及影像照片的遮挡,在侧体外拍摄时,此种设备无法满足对高质量视频信号存储及试验普适、便捷的要求。

2.4.2 高速摄像空泡观测测量设备

高速摄像空泡观测设备包括高性能的高速相机以及连续强光源。用小尺寸试验段开展空泡试验时,对连续光源的要求相对较低,但大尺度试验段,特别是循环水槽试验开展推进器空泡性能的高速摄像测量,强烈依赖光强与水质,因为一般光源在水中衰减严重。强光源与试验设施密切相关,需根据实际情况选取与布置,此处不作介绍。

高速摄像装置主要由高速摄像机、采集计算机、镜头、三脚架及云台、拍摄回放软件等组成,如图 2-17 所示。图 2-18、图 2-19 为循环水槽中高速摄像时,连续光源布置及获取的空泡试验照片。

图 2-17 高速摄影相机及镜头

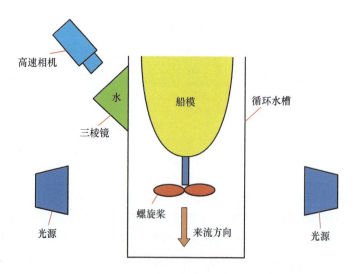

图 2-18 高速摄像空泡测量设备布置[13]

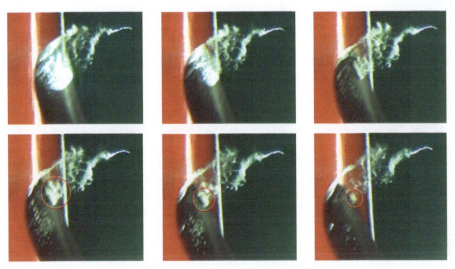

图 2-19 高速摄影拍摄空泡结果

2.5 空泡水筒/循环水槽水速测量原理及流动品质测量方法

船舶在航行时,主要是螺旋桨推动船舶向前运动。模型试验时,在水池试验中,模拟船舶吃水,完全等效实船运行状态与方式,由拖车带动船舶模型向前运动,因此船模相对于水的运行速度等于拖车速度并仅考虑池壁修正即可。对于空泡水筒(循环水槽)而言,船舶模型设置于试验段顶部固定不动,由水筒/水槽中轴流泵驱动水体循环流动。因此对于立式循环结构的空泡试验设施,试验中用"船舶模型不动,水相对运动"来模拟来实现实船等效航速。

空泡水筒/循环水槽尺度有限且由于壁面影响(对于等截面试验段,不同截面处边界层厚度不同,其所在位置处流速有细微区别)不可忽略,无法确定其前方来流速度。由于在水筒日常模型试验中,采用激光多普勒测速法(laser Doppler velocimetry,LDV)或粒子图像测速法(particle image velocimety,PIV)来测量其流速,作为水筒状态输入参数,是一种不现实的做法。因此,对于有立式密闭管道结构的水筒其流速测量主要是通过压差测量法获取。

中国船舶科学研究中心循环水槽水速测量原理[10]如下:分别在水槽的收缩段某截面 A 及试验段截面 B 处取直径 10mm(内壁光滑无毛刺)的压力测量孔,如图 2-20 所示。假设水体流动时在 A 截面处速度为 v_A,静压为 P_A,其截面积为 S_A;在 B 截面处速度为 v_B,静压为 P_B,其截面积为 S_B。A、B 两点高度差为 H_{AB}。

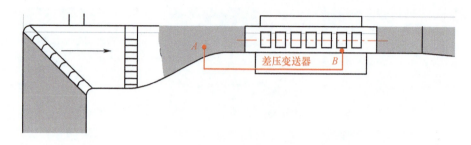

图 2-20 循环水槽差压法测速示例

假设经过 A、B 两点处为同一根流线,忽略水可压缩性与密度的变化,则根据连续性方程与伯努利方程可计算:

$$v_A S_A = v_B S_B$$

$$P_A + \frac{1}{2}\rho v_A^2 = P_B + \frac{1}{2}\rho v_B^2 + \rho g H_{AB} + \frac{1}{2}\zeta \rho v_B^2$$

$$v_B = \sqrt{\frac{2\Delta P}{\rho\left(1 + \zeta - \left(\frac{S_B}{S_A}\right)^2\right)}} = \xi\sqrt{\Delta P}$$

$$\Delta P = P_A - P_B - \rho g H_{AB}$$

式中:ζ 为水力损失系数;ξ 为水速系数;ΔP 为两测量点间的压差。

在实际试验设备中,A、B 两点经常不在同一个高度,即使在同一个高度,也不能保证是同一条流线。考虑到边界层内法向方向压力相同,且与所在截面同一个高度处静压相等的特点,只要测量水速系数 ξ,仍可采用两点压差方法来测量水速。

2.5.1　循环水槽水速系数 ξ 测量方法

在循环水槽水速测量系统启用之前需采用 LDV 来标定水槽的测速系统,得到水速系数 ξ 值。具体做法是通过电机开启不同的轴流泵转速来获取不同的水速:如 N1、N2、N3、N4,在每一转速工况下采用 LDV 测量试验段某窗口测压孔处所在截面中心附近的速度 v_i(i 表示第 i 次测量),并记录其结果。通过压差变送器获得剖面 A 和剖面 B 的压差 ΔP_i,根据测量结果得到速度 v_i 和 $\sqrt{\Delta P_i}$ 的关系式,从而获得某窗口不同轴流泵转速时对应的水速系数 ξ_i,对其取平均值,可获得试验段某窗口处的水速系数 ξ。不同窗口处,可以测量不同的水速系数 ξ,各实验室根据自己实际情况确定。如某循环水槽按图 2-21、图 2-22 所示进行测量。

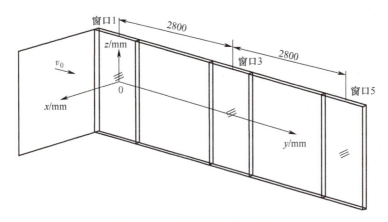

图 2-21 LDV 测量位置示意图

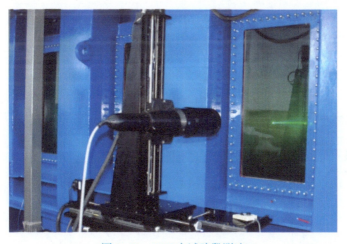

图 2-22 LDV 在试验段测速

2.5.2 循环水槽工作段流动品质测量方法

1. 水速不稳定度测量

试验段测量选取水速为 v_1、v_2、v_3、v_4,取第六个观测窗(试验中船舶螺旋桨模型经常所处盘面位置窗口)剖面中心为测量点。采用 LDV 每隔 1min 测量一次,共测量 10 次,并按表 2-2 记录。在每个水速工况下,每次测量的平均水速为 v_i,10 次测量的平均速度为

$$\bar{v} = \frac{1}{N}\sum_{i=1}^{N} v_i$$

式中:N 为测量的次数,$N=10$。

不稳定度定义为

$$S = \frac{1}{N\bar{v}} \sum_{i=1}^{N}(v_i - \bar{v})^2 \times 100\%$$

表 2-2 不稳定度测量记录表

测量位置				$x=$ mm	$y=$ mm	$z=$ mm
序号	平均水速/(m/s)					备注
	v_1	v_2	v_3	v_4		
......						
平均值						
方差						
不稳定度						
备注：						

2. 水速不均匀度测量

试验段测量选取水速为 v_1、v_2、v_3、v_4，取第六个观测窗（试验中船舶螺旋桨模型经常所处盘面位置窗口）为测量剖面，每个剖面上取 25 个测量点，测量点分布如图 2-23 所示。用 LDV 测量每个点的速度 v_i，并按表 2-3 记录。

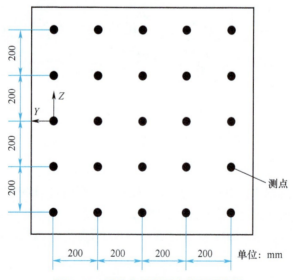

图 2-23 不均匀度测量点位置示意图

剖面上 N 个测点的平均速度为

$$\bar{v} = \frac{1}{N}\sum_{i=1}^{N} v_i$$

试验段水速的不均匀度定义为

$$J = \frac{(v_i - \bar{v})_{\max}}{\bar{v}} \times 100\%$$

表 2-3 不均匀度测量记录表

序号	测量截面位置			$x=$ mm	备注
	测点坐标/mm			平均水速/(m/s)	
	x	y	z		
......					
计算					
	水速平均值				
	水速最大偏差				
	水速不均匀度				
备注:					

3. 湍流度测量

试验段水速选为 v_1、v_2、v_3、v_4，取第六个观测窗(试验中船舶螺旋桨模型经常所处盘面位置窗口)剖面中心为测量点。采用 LDV 测量，并按表 2-4 记录，采样点数 N 为 10000。

LDV 测量的速度 v 包括 x、y 和 z 方向的速度 v_x、v_y、v_z 和其脉动量 u'_x、u'_y、u'_z。在每个水速下，剖面中心点的平均速度为

$$\bar{v} = \frac{1}{N}\sum_{i=1}^{N} \sqrt{v_{ix}^2 + v_{iy}^2 + v_{iz}^2}$$

湍流度定义为

$$\varepsilon = \frac{\sum_{i=1}^{N}\sqrt{\frac{1}{3}({u'_{ix}}^2 + {u'_{iy}}^2 + {u'_{iz}}^2)}}{N\bar{v}}$$

因为我们重点关注轴向的流速脉动，所以不考虑 y 和 z 方向的速度变化，即试验段轴向湍流度为

$$\varepsilon = \frac{\sum_{i=1}^{N} u_{ix}'^2}{N\bar{v}}$$

表 2-4　湍流度测量记录表

序号	测量位置			采样点数	平均水速/(m/s)	湍流度/%	备注
	x	y	z				
......								
备注：							

4. 边界层(附面层)厚度测量

试验段测量选取水速为 v_1、v_2、v_3、v_4，试验过程中，在不同的来流工况情况下，拟将每个观测窗的中心位置作为测量点，从壁面向主流区域每隔 2mm 进行测量，直至速度基本不会发生变化(变化在 1% 以内)，得到每个位置边界层的厚度以及沿不同流向位置处边界层厚度发展情况，按表 2-5 记录。

表 2-5　边界层测量记录表

序号	测量截面位置	$x=$　mm, $z=$　mm	备注
	测点坐标(mm)距离壁面距离	平均水速/(m/s)	
	$Y(\Delta y = 2\text{mm})$		
	......		
	计算		
	边界层厚度(99%V)		
备注：			

循环水槽水速的准确测量是进行后续空泡相关试验的先决条件。各实验室根据自身条件及水槽(洞)的流动品质开展一系列模型试验研究。

参 考 文 献

[1] 常时,寿梅华,于希哲. 水轮机运行[M]. 北京:水利水电出版社,1983.

[2] 卡列林. 离心泵和轴流泵中的汽蚀现象[M]. 吴达人,译. 北京:机械工业出版社,1985.

[3] SLYKE V , NEILL J M. The determination of gases in blood and other solutions by vacuum extraction and manometric measurement[J]. Journal of Biological Chemistry, 1924, 61:561-562.

[4] FRIESCH J. HSVA 100 – A Hundred Years of Research and Development for Maritime Industries[R]. Berlin,Germany:HSVA,2013.

[5] HOLL J W , TREASTER A L. Cavitation Hysteresis[J]. Journal of Basic Engineering, 1966, 88(1):199.

[6] ETTER R J , CUTBIRTH J M , CECCIO S L ,et al. High reynolds number experimentation in the us navy's william b morgan large cavitation channel[J]. Measurement Science and Technology, 2005,16:1701-1709.

[7] CARLTON J S. Marine propellers and propulsion (Second edition)[M]. Amsterdam:Elsevier,2007.

[8] LINDELL P. Cavitation tunnel tests with 176K DWT bulk carrier[R]. Sweden:SSPA,2007.

[9] 樊晓冰. NLCC试验段主要技术参数的论证报告[R]. 无锡:中国船舶科学研究中心,2017.

[10] 樊晓冰,张传鸿. 循环水槽试验设备校准报告[R]. 无锡:中国船舶科学研究中心,2015.

第 3 章　船舶空化试验基本理论与方法

　　船舶领域中各种流动现象的规律性,通常被描述成该现象特征与各个物理量之间的函数关系。为了揭示这种客观现象的规律性,一般采用理论分析、数值模拟和试验研究三大技术途径。试验研究方法是研究船舶流体力学必不可少的重要组成部分,它可以解决当前许多理论与数值研究无法解决的复杂问题。采用试验方法研究船舶流体力学问题时,经常存在多种流动参数,如速度、压力、密度等,并且这些参数都存在各自的边界条件与初始条件。因此,在实验室条件下,利用小尺度模型,控制试验参数,模拟大尺度模型或实尺度对象的某种流动,获取其具有的普遍规律及结论,需要相似理论来指导。一般情况下,要进行船舶模型空泡试验必须满足以下几点：一是模型试验过程中流动状态与实际流动状态相似；二是在满足相似原理基础上,获得的模型试验结果或数据换算到实际研究对象之上。

　　本章节主要介绍船舶流体模型试验中的一些基本原理和常用准则。

3.1　相似的基本理论

3.1.1　流动相似的基本概念

　　相似流动在对应位置的对应物理量具有一定的比例关系,即相似流动之间的主要现象和特性具有一致性,并可通过一个尺度下的流动性质推测得到另一个尺度的流动。对于黏性不可压缩流体流动,其相似包括几何相似、运动相似和动力相似,分别代表流动的空间、时间和受力的相似。而可压缩流体流动中则还需考虑热力学相似、质量相似等,本书仅针对不可压缩流动相似进行简要概述。

1. 几何相似

　　如两个物体形状相同,尺寸成比例,则称两个物体几何相似。几何相似本质上是一种空间相似。两个不同尺度,几何相似的物体,其尺度之比为常数,即

$$\frac{l_p}{l_m} = \lambda_l = C(常数) \tag{3-1}$$

因而面积之比为

$$\frac{A_p}{A_m} = \lambda_l^2 \tag{3-2}$$

体积之比为

$$\frac{V_p}{V_m} = \lambda_l^3 \tag{3-3}$$

2. 运动相似

两个几何相似的物体运动时,对应点的运动路径几何相似,并且对应点经过对应路径的时间之比是常数,则称两个物体运动相似。运动相似的物体,其速度之比为常数,即

$$\frac{v_p}{v_m} = \lambda_v = C(\text{常数}) \tag{3-4}$$

$$v_p = \frac{l_p}{t_p}, \quad v_m = \frac{l_m}{t_m} \tag{3-5}$$

$$\lambda_v = \frac{v_p}{v_m} = \frac{l_p/l_m}{t_p/t_m} = \frac{\lambda_l}{\lambda_t} \tag{3-6}$$

因此,在几何相似基础上,运动相似本质上是一种时间相似。

3. 动力相似

两个几何相似和运动相似的物体,对应点受力成比例,则称两个物体动力相似。

$$\frac{F_p}{F_m} = \lambda_F = C(\text{常数}) \tag{3-7}$$

$$\frac{F_p}{F_m} = \lambda_F = \lambda_m \lambda_a = (\lambda_\rho \lambda_l^3)(\lambda_l \lambda_t^{-2}) = \lambda_\rho \lambda_l^2 \lambda_v^2 \tag{3-8}$$

其他力学物理量的比例系数则可表示为密度、尺度、速度比例系数的组合形式,如:

$$\text{力矩 } \lambda_M = \frac{(Fl)_p}{(Fl)_m} = \lambda_\rho \lambda_l^3 \lambda_v^2 \tag{3-9}$$

$$\text{压强 } \lambda_P = \frac{P_p}{P_m} = \frac{\lambda_F}{\lambda_A} = \lambda_\rho \lambda_v^2 \tag{3-10}$$

$$\text{功率 } \lambda_N = \lambda_M \lambda_t^{-1} = \lambda_\rho \lambda_l^2 \lambda_v^3 \tag{3-11}$$

$$\text{动力黏度 } \lambda_\mu = \lambda_\rho \lambda_l \lambda_v \tag{3-12}$$

上述的几何相似、运动相似和动力相似中,几何相似是必须满足的条件,主要通过几何尺度的缩放实现。动力相似是不同尺度流动相似的主导因素,是运动相似的保障。

3.2 量纲分析

3.2.1 量纲的基本概念

量纲分析是试验研究过程中与相似原理相辅相成的另一种重要分析手段,尤其是对于一些难以直接进行理论分析的流动问题,更能凸显其优越性。

1. 量纲的基本概念

量纲是物理量单位的种类,也可称为因次。以长度为例,虽然单位可以用米、英尺等不同单位来表示,但都属于同一类型量纲,即尺度量纲。尺度量纲可用[L]来表示。同理,时间单位的量纲为[T],质量的量纲为[M]。

2. 量纲的分类

根据量纲是否具有独立性可以将量纲分为基本量纲和导出量纲。基本量纲是不能再拆分为其他量纲的独立量纲,常用的基本量纲包括长度、时间和质量量纲[L]、[T]、[M],涉及温度的问题中还需引入温度量纲[Θ]。导出量纲则是指由若干个独立量纲组合而成的量纲,如速度$[v] = LT^{-1}$,加速度$[a] = LT^{-2}$,密度$[\rho] = ML^{-3}$,力$[F] = MLT^{-2}$,压强$[p] = ML^{-1}T^{-2}$,动力黏度$[\mu] = ML^{-1}T^{-1}$,运动黏度$[v] = L^2T^{-1}$。

3. 量纲和谐性原理

量纲和谐性原理是指表征物理现象的物理方程中,每一项的量纲应该是一样的,又可称为量纲一致性原理或量纲齐次性原理。一个正确、完备的物理方程,其各项的量纲一致,以伯努利方程为例:

$$z + \frac{p}{\rho g} + \frac{v^2}{2g} = \text{constant} \tag{3-13}$$

左边各项的量纲分别为$[L]$、$\left[\dfrac{ML^{-1}T^{-2}}{ML^{-3} \cdot LT^{-2}}\right] = [L]$ 和 $\left[\dfrac{(LT^{-1})^2}{LT^{-2}}\right] = [L]$。

3.2.2 瑞利法和 π 定理

在物理现象的分析中,在已知物理量的情况下,确定各物理量之间的函数关系的方法主要有两种方式,一种是瑞利(Rayleigh)法,另一种是 π 定理。下面将结合具体的例子介绍两种方法。

1. 瑞利法

对于一个物理现象,通过大量的观察、试验及分析之后,可以找出影响物理现象的主要因素为 y,$x_1, x_2, \cdots, x_n$,则各物理量之间满足函数关系:

$$y = f(x_1, x_2, \cdots, x_n)。$$

瑞利法,利用物理量之间的幂次乘积的函数来表示物理量,即

$$y = kx_1^{\alpha_1} x_2^{\alpha_2} \cdots x_n^{\alpha_n} \quad (3-14)$$

式中:k 为无量纲系数,可以通过试验数据获得;$\alpha_1, \alpha_2, \cdots, \alpha_n$ 为待定系数,可以根据量纲和谐性原理来确定。下面将结合层流转捩临界雷诺数的例子介绍瑞利法的使用。

例:试验研究表明,管中流动由层流状态向湍流状态转变过程存在一个临界速度 v_{cr},它与管的直径 d、流体密度 ρ 以及动力黏度 μ 有关。试用瑞利法求出其对应的函数关系。

解:首先将临界速度表达成待定函数形式

$$v_{cr} = f(d, \rho, \mu)$$

按照瑞利法将上述表达式写成幂次乘积的形式

$$v_{cr} = k d^{\alpha_1} \rho^{\alpha_2} \mu^{\alpha_3}$$

用基本量纲表示方程中各物理量写成量纲方程则有

$$LT^{-1} = L^{\alpha_1}(ML^{-3})^{\alpha_2}(ML^{-1}T^{-1})^{\alpha_3} = L^{\alpha_1 - 3\alpha_2 - \alpha_3} M^{\alpha_2 + \alpha_3} T^{-\alpha_3}$$

由量纲和谐性原理有

$$\begin{cases} 1 = \alpha_1 - 3\alpha_2 - \alpha_3 \\ 0 = \alpha_2 + \alpha_3 \\ -1 = -\alpha_3 \end{cases}$$

解方程可得 $\alpha_1 = -1, \alpha_2 = -1, \alpha_3 = 1$。将其代入方程可得

$$v_{cr} = k \frac{\mu}{\rho d}$$

该式无量纲化形式为

$$k = \frac{\rho v_{cr} d}{\mu} = \frac{v_{cr} d}{\nu}$$

这就是常用的临界雷诺数 $Re_{cr} = \dfrac{v_{cr} d}{\nu}$。

2. π 定理

π 定理是量纲分析中的另一种方法,其在流体力学中被广泛使用。该定理由白金汉(E. Buckingham)在 1914 年提出,因此又称为白金汉定理。其基本方法如下:

某种物理现象与 n 个物理量 $x_1, x_2, \cdots, x_n$ 相关,而这个物理量之间存在函数关系为

$$f(x_1, x_2, \cdots, x_n) = 0 \quad (3-15)$$

若这些物理量的基本量纲数为 m,则这些物理量可以组合成 $n - m$ 个独立的

无量纲数 $\pi_1, \pi_2, \cdots, \pi_{n-m}$，且这些无量纲量之间也存在关系：
$$F(\pi_1, \pi_2, \cdots, \pi_{n-m}) = 0 \qquad (3-16)$$

应用 π 定理的具体步骤如下：

(1) 分析物理现象所涉及的基本因素,即受哪些变量的影响,从而确定 n 个独立变量。

(2) 列出这些变量的基本量纲矩阵。

(3) 找出一组基本物理量。因为基本物理量有多组,所以通常选择具有代表性的和容易测量的量作为基本物理量。

(4) 列出 $n - m$ 个 π 项。

(5) 根据 π 项的量纲和谐性,求出 π 项各项的指数。

(6) 整理 π 定理。可以将 π 项互相乘、除或者对项自身开次方,以尽量将其转换成所熟悉的无量纲参数,如雷诺数(Re)、傅汝德(Fr)、马赫数(Ma)等。最后可以得到一个简单的 π 项表示的函数关系式,即相似准则的函数关系式。

下面结合管流沿程阻力损失公式(达西公式)的由来介绍该方法的应用。

例：根据试验数据可知,管道中流动的沿程摩擦阻力产生的压强差 Δp 与如下因素有关。

管道直径：d

管中平均流速：v

流体密度：ρ

流体动力黏度：μ

管路长度：l

管壁粗糙度：Δ

求管中流动的沿程阻力损失。

解：(1) 由已知可得沿程阻力损失现象所包含的物理量之间存在如下形式函数关系

$$f(\Delta p, d, v, \rho, \mu, l, \Delta) = 0$$

(2) 以选取基本量纲,列出变量的基本量纲矩阵为

	Δp	d	v	ρ	μ	l	Δ
L	-1	1	1	-3	-1	1	1
M	1	0	0	1	1	0	0
T	-2	0	-1	0	-1	0	0

(3) 选取基本量。

其中因 d、v、ρ 所对应的行列式 $\begin{vmatrix} 1 & 1 & -3 \\ 0 & 0 & 1 \\ 0 & -1 & 0 \end{vmatrix} = -1 \neq 0$,故相互独立。因此可

以选择 d、v、ρ 作为基本量。

(4) 列出 $n-m$，即 7-3=4 个 π 项，且有

$$\pi_1 = \frac{\Delta p}{d^{\alpha_1} v^{\alpha_2} \rho^{\alpha_3}}$$

$$\pi_2 = \frac{\mu}{d^{\alpha_4} v^{\alpha_5} \rho^{\alpha_6}}$$

$$\pi_3 = \frac{l}{d^{\alpha_7} v^{\alpha_8} \rho^{\alpha_9}}$$

$$\pi_4 = \frac{\Delta}{d^{\alpha_{10}} v^{\alpha_{11}} \rho^{\alpha_{12}}}$$

(5) 根据 π 项的量纲和谐性，求出 π 项各项的指数。

根据(2)中的量纲矩阵，且 π_1 项为无量纲数，其分子、分母对应量纲的指数满足如下关系：

$$\begin{cases} -1 = \alpha_1 + \alpha_2 - 3\alpha_3 \\ 1 = \alpha_3 \\ -2 = -\alpha_2 \end{cases}$$

所以有 $\alpha_1 = 0$，$\alpha_2 = 2$，$\alpha_3 = 1$，故

$$\pi_1 = \frac{\Delta p}{\rho v^2}$$

同理可由 π_2、π_3、π_4 的量纲和谐性得到：

$$\pi_2 = \frac{\mu}{\rho v d}$$

$$\pi_3 = \frac{l}{d}$$

$$\pi_4 = \frac{\Delta}{d}$$

(6) 整理 π 定理。

$$F(\pi_1, \pi_2, \pi_3, \pi_4) = 0$$

$$\frac{\Delta p}{\rho v^2} = f\left(\frac{\mu}{\rho v d}, \frac{l}{d}, \frac{\Delta}{d}\right)$$

由管流压头损失 $h_f = \frac{\Delta p}{\rho g}$，令 $Re = \frac{\rho v d}{\mu}$，则有

$$h_f = \frac{\Delta p}{\rho g} = \frac{v^2}{g} f\left(Re, \frac{l}{d}, \frac{\Delta}{d}\right)$$

因为沿程阻力损失与管长成正比，与管径成反比，所以可将 $\frac{l}{d}$ 项放在括号外

面,而项在分母乘以 2 也无妨。因此有如下形式的沿程阻力损失公式:

$$h_f = \frac{l}{d} \frac{v^2}{2g} f\left(Re, \frac{\Delta}{d}\right) = \lambda \frac{l}{d} \frac{v^2}{2g}$$

其中沿程阻力损失系数 $\lambda = f\left(Re, \frac{\Delta}{d}\right)$。

3.3 船舶流体力学中的常用相似参数

流动相似的流体其流体运动和受力相似,即均满足流体运动纳维克-斯托克斯方程(Navier-Stokes equation,N-S 方程)的微分方程:

$$\frac{\partial v_x}{\partial t} + v_x \frac{\partial v_x}{\partial x} + v_y \frac{\partial v_x}{\partial y} + v_z \frac{\partial v_x}{\partial z} = f_x - \frac{1}{\rho} \frac{\partial p}{\partial x} + \nu \Delta v_x \quad (3-17)$$

$$\frac{\partial v_y}{\partial t} + v_x \frac{\partial v_y}{\partial x} + v_y \frac{\partial v_y}{\partial y} + v_z \frac{\partial v_y}{\partial z} = f_y - \frac{1}{\rho} \frac{\partial p}{\partial y} + \nu \Delta v_y \quad (3-18)$$

$$\frac{\partial v_z}{\partial t} + v_x \frac{\partial v_z}{\partial x} + v_y \frac{\partial v_z}{\partial y} + v_z \frac{\partial v_z}{\partial z} = f_z - \frac{1}{\rho} \frac{\partial p}{\partial z} + \nu \Delta v_z \quad (3-19)$$

由于两个尺度基本参数之间存在比例关系,且均满足上述方程组,因此可以得到:

$$\frac{\lambda_v}{\lambda_t} = \frac{\lambda_v^2}{\lambda_l} = \lambda_F = \frac{\lambda_p}{\lambda_\rho \lambda_l} = \frac{\lambda_\nu \lambda_v}{\lambda_l^2} \quad (3-20)$$

其中各项分别表示单位质量流体的时变惯性力、位变惯性力、质量力、体积力、黏性力。各项除以位变惯性力项可以得到:

$$\frac{\lambda_l}{\lambda_v \lambda_t} = 1 = \frac{\lambda_l \lambda_F}{\lambda_v^2} = \frac{\lambda_p}{\lambda_\rho \lambda_v^2} = \frac{\lambda_\nu}{\lambda_l \lambda_v} \quad (3-21)$$

该关系式表明,要保证试验中模型和实物流动之间的动力相似,其比例系数之间需要满足一定的关系。根据各比例系数之间的关系,可以获得水动力学领域常见的基本相似准则。

1. 斯特劳哈尔(Strouhal)数相似准则

$$St = \frac{l}{vt} = \frac{fl}{v} \quad (3-22)$$

表示非定常运动惯性力和惯性力之比,用于表征流动的非定常特性的相似准则。l/v 可理解为速度 v 的流体质点通过系统中某个特定尺度 l 所需要的时间,而 t 可理解为整个系统流动过程中所需要的时间。所以斯特劳哈尔数相等说明在两个不定常流动中,速度场随时间的变化情况相似。在周期性运动中,可取频率的倒数为特征时间。在螺旋桨理论中,采用与 St 相当的螺旋桨进速系数 J 作为相似参数。斯特劳哈尔数主要应用于片空泡脱落或涡脱落频率的研究。基于汤姆逊(Thomsom)定律,一个脱落周期的涡生成表达式为 $fl/v = \sqrt{1 + \sigma_v}/4$ (σ_v 为水速空泡数)。实际测量中,虽然不同水翼或螺旋桨剖面、不同攻角、不同测量方法,获得的结果有所差异,但大部分测量值在 0.2~0.4 之间。

2. 傅汝德(Froude)数相似准则

$$Fr = \frac{v^2}{gl} \text{ 或 } Fr = \frac{v}{\sqrt{gl}} \tag{3-23}$$

表示惯性力和重力之比,用于表征重力对流动的影响,傅汝德数相等时认为重力作用相似。在船舶领域,考虑傅汝德数的情况主要包括船模拖曳水池试验、超空泡航行体等受重力影响明显的流动。

对于螺旋桨空泡特性研究,如在减压拖曳水池中开展,需满足傅汝德数相似;如在空泡水筒或大型循环水槽中开展空泡特性研究,由于其雷诺数较高,一般不考虑傅汝德数相似。对于回转体通气超空泡等研究,需要考虑傅汝德数的影响。

3. 雷诺(Reynolds)数相似准则

$$Re = \frac{vl}{v} \tag{3-24}$$

表示惯性力和黏性力之比,代表黏性力对流体运动的影响。雷诺数较小,则表示黏性力起主导作用,流体微团受黏性力的约束而处于层流状态;雷诺数较大,则惯性力起主导作用,黏性力不足以约束流体微团的混乱运动,流动便处于紊流状态。雷诺数的大小不仅与运动黏性系数有关,而且还取决于流速和流体运动时所在空间的特征尺寸。这表明,对于同一种黏性流体,由于运动空间尺寸不同和流动快慢的差别,流体黏性影响的相对大小也不一样。对于同一种黏性流体,在小空间范围内缓慢流动时,黏性作用要比在大空间范围内高速流动时大得多,因为后者的雷诺数远大于前者。这就深刻地说明流体黏性对流动的影响,不但取决于流体本身的黏滞程度,而且还需要与流体运动的空间范围和流动快慢结合起来考虑。模型试验要做到雷诺数相等,有时是比较困难的。但人们通过理论分析和试验研究发现存在着所谓的"自模区"。当雷诺数小到某一个定值(第一临界值)时,流动呈现层流状态,这时,流速分布皆彼此相似,不依赖雷诺数的变化,这种现象叫"自模性"。通常将雷诺数小于第一临界值的区域叫"第一自模区"。如层流管流的流动,当雷诺数大于第一临界值时,流动从层流向湍流过渡,并逐渐进入到湍流状态,雷诺数对于流动状态、流速分布都有较大的影响;当雷诺数再增大到某一个定值(第二临界值)时,流动状态和流速分布又不再变化或变化很小而彼此相似,这时,对应的流动是充分发展的湍流,即流动进入了"第二自模区"。当模型和实物处于同一个自模区时,模型和实物的雷诺数不必保持相等,模型试验的结果(做适当的修正)

就可以运用到实物中去。因此,找到流动的自模区,就给模型试验带来了极大的方便。因为实际流动多数是湍流流动,其雷诺数可能远大于第二临界值。安排试验时,只要模型试验的雷诺数稍微大于第二临界值,使其流动能进入"第二自模区"即可,而不必与实物的雷诺数相等。这样,对试验设备的要求就可以低很多,能节省不少开支。试验表明,绕流表面的粗糙度越大、管道形状越复杂、零部件越多,则进入"第二自模区"就越早。当流动进入自模区后,绕流体或管道的阻力系数随雷诺数不再变化。因此,在试验中,可测出阻力系数随雷诺数的变化曲线,并以不再变化时的值作为流动进入"第二自模区"的标志。综上所述,如果两个几何相似的流场在黏性力作用下动力相似,则它们的雷诺数必相等;反之,如果两个流场的雷诺数相等,则这两个流场一定是在黏性作用下动力相似。这就是黏性相似准则,或称为雷诺相似准则。

对于船舶螺旋桨空泡研究而言,试验中其雷诺数远超"第二自模区",在实际开展空泡试验研究中,雷诺数越高越好。但受试验设备条件的限制,基于桨叶 $0.7R$ 或 $0.75R$ 弦长为特征长度的雷诺数应不小于 3×10^5。对于工程产品空泡性能验证与预报的研究,基于桨叶 $0.7R$ 或 $0.75R$ 弦长为特征长度的雷诺数以达到 1.0×10^6 为佳。

4. 欧拉(Euler)数相似准则

$$Eu = \frac{p}{\rho v^2} \tag{3-25}$$

表示压强和惯性力之比,但在船舶水动力学中,欧拉数的使用场合有限。在实际的试验过程中,更多的是考量压差与惯性力之间的作用而采用空化数来表示,用以表征流体产生空化的能力。空泡数的定义如下:

$$\sigma = \frac{p_\infty - p_v}{0.5\rho v^2} \tag{3-26}$$

表示流体静压与饱和蒸汽压之差和动压之比,表征流体在受动压作用形成水蒸气的能力。在实际空泡研究中,模型与实型空泡数相等是最基本的原则。

此外,还有马赫数(Ma)等相似准则,在水动力学领域使用较少,此处不再一一赘述。

流体动力相似即表示模型的流动与实物流动之间各相似准则都相等,但是实际上让模型流动与实尺度流动之间完全动力相似是不可能的。因此,实际试验中遵循几何相似与主要动力相似的原则,只抓住影响流动现象的主要因素,忽略其他次要因素。

参 考 文 献

[1] 谢多夫. 力学中的相似方法与量纲理论[M]. 沈青,译. 北京:科学出版社 1982.
[2] 江守一郎. 模型实验的理论和应用[M]. 北京:科学出版社,1984.
[3] 谈庆明. 量纲分析[M]. 北京:中国科学技术大学出版社,2005.
[4] 罗惕乾. 流体力学[M]. 北京:机械工业出版社,2017.
[5] 朱仁庆,杨松林,杨大明. 实验流体力学[M]. 北京:国防工业出版社,2005.

第4章 船舶螺旋桨空化性能模型试验技术

空化是流体机械中常见的物理现象。在船舶研究领域,空化多见于螺旋桨与附体之上,本章集中介绍螺旋桨与附体水动力空化相关的试验技术,其他类型能致空化如超声空化、振荡空化等不属于本书研究的内容。船舶螺旋桨上一旦产生空泡,会影响螺旋桨的水动力性能、噪声性能和诱导船体振动,也可能引起螺旋桨桨叶的剥蚀,因此,螺旋桨的空化性能是船舶螺旋桨设计者必须考虑的一个重要因素,同时空化性能模型试验也是对所设计螺旋桨性能验证与优化的一种有效方式与手段。

4.1 螺旋桨空化性能的表征

螺旋桨空化性能主要包括在桨叶出现空泡状态下的螺旋桨的水动力性能、螺旋桨的空泡起始特性、螺旋桨桨叶表面空泡形态特性、螺旋桨诱导的脉动压力特性、空泡剥蚀特性以及螺旋桨的噪声性能等。

4.1.1 螺旋桨水动力性能的表征

螺旋桨的水动力性能是指螺旋桨在水中运动时所产生的推力、扭矩和效率与其运动参数(进速 v_A 和转速 n)间的关系。螺旋桨水动力性能以无量纲系数表达,主要有以下几种。

进速系数: $$J = \frac{v_A}{nD} \tag{4-1}$$

推力系数: $$K_T = \frac{T}{\rho n^2 D^4} \tag{4-2}$$

扭矩系数: $$K_Q = \frac{T}{\rho n^2 D^5} \tag{4-3}$$

效率: $$\eta_0 = \frac{Tv_A}{2\pi nQ} = \frac{K_T \rho n^2 D^4 v_A}{2\pi n K_Q \rho n^2 D^5} = \frac{K_T}{K_Q} \cdot \frac{v_A}{2\pi nD} = \frac{K_T}{K_Q} \cdot \frac{J}{2\pi} \tag{4-4}$$

式中: K_T 为推力系数; K_Q 为扭矩系数; η_0 为螺旋桨敞水效率; T 为推力(N); Q 为扭矩(N·m); n 为螺旋桨转速(1/s); D 为螺旋桨直径(m)。

最终,螺旋桨的水动力性能可采用推力系数 K_T、扭矩系数 K_Q 及效率 η_0 为纵坐标,进速系数 J 为横坐标的性征曲线来表征。

空泡状态下螺旋桨的水动力性能是指螺旋桨桨叶出现空泡时的水动力特性。它的表征方法是在无空泡状态下水动力性能的基础上增加空泡数的影响,可表示为推力系数 K_T、扭矩系数 K_Q 及效率 η_0 随进速系数 J、水速空泡数 σ_v 的变化曲线来表征。

水速空泡数的定义为

$$\sigma_v = \frac{P_0 - P_v}{0.5\rho v_0^2} \tag{4-5}$$

式中:P_0 为螺旋桨桨轴中心的静压(Pa);P_v 为饱和蒸汽压位(Pa);v_0 为来流特征速度(m/s)。

4.1.2 螺旋桨空泡起始特性表征

螺旋桨的空泡起始特性是指螺旋桨桨叶不同类型空泡起始时的界限,可表示为以空泡数为纵坐标,进速系数为横坐标的 $J-\sigma$ 或以空泡数为纵坐标,推力系数为横坐标的 $K_T-\sigma$ 空泡界限线图。空泡数 σ 在均匀流场中通常采用来流水速定义的水速空泡数 σ_v,伴流场中通常采用以转速定义的转速空泡数 σ_n。

转速空泡数 σ_n 定义为

$$\sigma_n = \frac{P - P_v}{0.5\rho(\pi n D_m)^2} \tag{4-6}$$

式中:P 为螺旋桨模型桨轴中心处试验环境压力(Pa);P_v 为试验时对应水温下饱和蒸汽压力(Pa);D_m 为螺旋桨模型直径(m);n 为螺旋桨转速(1/s);ρ 为试验用水的密度(kg/m³)。

4.1.3 螺旋桨桨叶表面空泡形态性能表征

螺旋桨在指定状态下,桨叶表面在周向一周内不同角度时,桨叶表面不同空泡类型产生、发展及溃灭的运动过程。如在某指定航速状态,根据等推力系数与等空泡数条件下,根据实船的运行状态,记录桨叶表面空泡随角度变化的特性,如图4-1所示。

4.1.4 螺旋桨噪声性能表征

螺旋桨的噪声性能是指螺旋桨在某指定工况下工作时向外界辐射的水下噪声性能,它用不同工况下的螺旋桨噪声频谱级和总声级来表征。有关空泡噪声性能第5章单独详细说明。总声级定义为

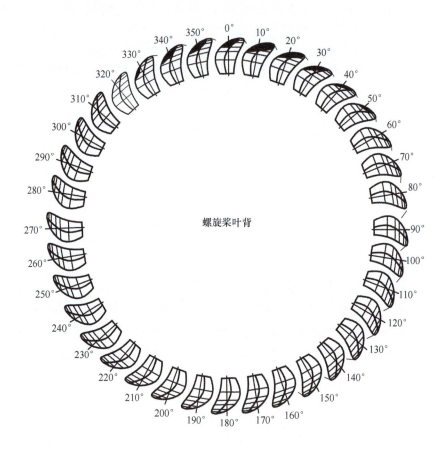

图 4-1 桨叶空泡形态周向变化示意图(从船艏向船艉看)

$$L = 10\log_{10}\left(\sum_{n=1}^{K} 10^{\frac{\mathrm{SPL}(f_n)}{10}}\right) \quad (4-7)$$

式中:$\mathrm{SPL}(f_n)$ 为 1/3 倍频程中心频率 f_n 处的频带声压级结果(dB);L 为总声级(dB)。

4.1.5 螺旋桨空泡诱导的脉动压力性能表征

螺旋桨空泡诱导的脉动压力特性是指螺旋桨在某指定工况下工作时由其诱导的周围流体压力脉动特性,螺旋桨诱导的脉动压力场会通过流体介质(水)传递至船体表面形成船体表面激振力,是引起船体振动的主要振源之一。螺旋桨诱导的船体表面脉动压力特性,通常采用不同工况下的螺旋桨各阶叶频的脉动压力幅值及系数来表征。压力脉动系数定义为:

$$K_{p_i} = \frac{p_i}{\rho n^2 D^2} \qquad (4-8)$$

式中：K_{p_i} 为第 i 阶叶频脉动压力系数；p_i 为脉动压力第 i 阶叶频幅值；D 为螺旋桨直径（m）；n 为螺旋桨转速（1/s）；ρ 为流体介质密度（kg/m³）。

4.2 空泡起始性能试验

空泡起始性能试验包括均匀流与非均匀流（斜流或船后）下螺旋桨空泡起始性能试验，其试验方法相同，只是来流条件不一样。空泡起始性能试验内容包括：①螺旋桨空泡起始试验；②螺旋桨在空泡状态下的水动力性能试验。

4.2.1 螺旋桨空泡起始性能试验

螺旋桨模型的空泡起始是指螺旋桨模型的某一个局部位置刚好出现某种类型空泡时的状态。螺旋桨模型空泡起始试验主要目的是获得螺旋桨产生不同类型空泡的空泡起始曲线，俗称空泡斗，用于螺旋桨空泡起始航速的预报和螺旋桨设计与研究中比较、评估不同螺旋桨方案的空泡起始性能优劣。

1. 试验的相似参数

螺旋桨模型空泡起始观测试验时，应满足几何相似、运动相似、动力相似及空泡数相似。

几何相似：螺旋桨模型应按照同一个缩尺比加工，保证螺旋模型与实桨几何相似。

运动相似：螺旋模型与实桨的流动进流角相似，即进速系数相等，在空泡水筒或循环水槽中，以等负荷系数来保证。

动力相似：螺旋桨模型空泡起始试验时，要求试验中模型与原型受力相似，即在试验中保证雷诺数大于临界雷诺数：

$$Rn_{(0.75R)} = \frac{L_{0.75R} \, 0.75\pi n D}{\nu} > 3 \times 10^5 \qquad (4-9)$$

空泡数相似：螺旋桨模型与实际螺旋桨的空泡数相等，即 $\sigma_m = \sigma_s$。

空泡数定义为

$$\sigma = \frac{P_0 - P_v}{0.5\rho v_0^2} \qquad (4-10)$$

式中：P_0 为模型螺旋桨桨轴中心的静压（Pa）；P_v 为饱和蒸汽压（Pa）；v_0 为来流特征速度（m/s）。

2. 试验仪器仪表

频闪仪:产生一定频率的频闪光,当频闪光的频率与螺旋桨模型转速成整数倍时,可借助频闪光清晰地观测到桨叶上出现的不同类型的空泡。

微型 CCD:具有高清晰彩色拍摄功能。试验中 CCD 主要用于不便于从试验段外部对局部观测区域空泡状态的测量与记录。

信号同频控制器:具备利用螺旋桨转速信号触发频闪仪光源,并能追踪与定位螺旋桨某个叶片,能实现"冻结"或缓慢追踪螺旋桨叶片运动,为微型 CCD 拍摄桨叶表面空泡形态提供先决条件。

3. 试验方法和试验程序

螺旋桨模型的空泡起始和空泡观测试验一般同时段进行,试验方法和试验程序也相似,空泡起始主要是测量各类型空泡产生的界限,空泡形态是在指定工况下获取桨叶表面空泡形态、范围与程度等信息并记录保存。

针对空泡起始模型试验,目前国际上通用、可靠且实用的方法是采用人工目测法,试验中借助频闪光源,通过肉眼观察、综合判别螺旋桨桨叶表面上出现不同类型空泡的起始点位置以及各类型空泡产生的条件(空泡数及负荷系数)。基于经验丰富的人工目测法空泡起始观测,可有效剔除个别桨叶由于加工误差引起的异常空泡起始,还能准确判断各种类型空泡起始的早晚,为实船预报提供依据。

在现实的试验条件下,由于螺旋桨模型局部位置空泡起始时,空泡尺度非常微小,而且是随机的,故肉眼不易发现。为了能稳定重复且真实掌握螺旋桨模型起始空泡特性,试验中通常以消失空泡数作为空泡的起始。即在模型试验实际操作中,首先使螺旋桨局部某类型空泡充分发展,在保持试验水速不变的条件下,再通过降低螺旋桨模型转速或增加试验环境压力,将螺旋桨模型局部位置某种类型空泡刚好消失时的状态作为此类型空泡的起始状态。

螺旋桨模型空泡起始也可用声学方法判断,即利用螺旋桨空泡起始时,噪声明显增加的特点,通过测量噪声,确定螺旋桨的空泡起始。由于螺旋桨模型加工误差,各个叶片不可能做到完全一致,加之试验段低压环境下游离的气泡以及环境噪声的干扰,声学方法往往不能排除非正常情况下的干扰因素,如个别桨叶由于加工精度原因先产生的空泡,更无法正确区分不同空泡类型起始的早晚。因此,采用肉眼人工观测空泡起始,仍是螺旋桨模型空泡起始试验研究常用的手段。

螺旋桨模型的空泡起始观测的试验程序:

(1) 采用高强度的铝合金或铜合金加工螺旋桨模型,螺旋桨模型的主要几何参数及剖面型值的加工精度达到规定的标准,检验合格后方可适用于模型试验。

(2) 依据试验要求,预先选取数个空泡数(不少于 5 个),对于每个空泡数,根据雷诺数必须大于临界雷诺数的要求,选取试验来流水速。

(3) 调节试验来流水速(大于临界雷诺数的要求)达到指定要求,同时粗调匹配螺旋桨转速处于安全状态,再调节模型螺旋桨桨轴中心的压力,达到预先设置的空泡数,保持来流水速和空泡数不变,调整螺旋桨模型的转速(改变螺旋桨负荷),使螺旋桨模型表面出现不同类型的空泡,并使空泡充分发展,然后缓慢地降低转速,使螺旋桨模型表面的各种类型空泡逐渐消失,记录下在此来流水速、空泡数下各类型空泡刚好消失时的螺旋桨模型转速和不同类型空泡的起始位置、形态和范围。

(4) 改变模型桨轴中心的压力(可同时微调试验水速),达到另一个指定的空泡数,重复上述试验过程,得到另一个空泡数下的不同类型空泡的空泡起始转速和空泡位置、范围,直至完成所有的试验工况。

试验时,记录螺旋桨模型的空泡类型应包括面空泡、梢涡空泡、叶背片空泡及所关心的其他类型空泡的起始转速(进速系数),同时根据螺旋桨设计者的需要,可提供包括空泡起始的相关位置等更多的试验信息。

4. 试验结果的表达方式

螺旋桨模型空泡起始试验的试验结果绘制成如图 4-2 所示的以空泡数 σ_v 为纵坐标,进速系数 J 为横坐标的 $J - \sigma_v$ 或以空泡数为纵坐标,推力系数 K_T 为横坐标的 $K_T - \sigma_v$ 空泡界限线图。同一个类型空泡形态的起始空泡数在不同进速系数下的点连成线,表示该类型空泡的起始边界。

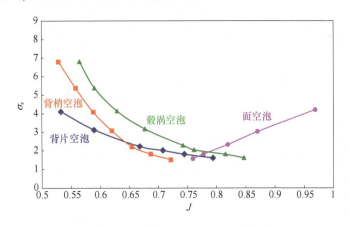

图 4-2　螺旋桨模型的空泡起始曲线

5. 空泡起始实尺度效应性能预报

1990 年第 19 届 ITTC[1]会议,较详细地回顾了螺旋桨梢涡空泡及其起始,对应采用起始空泡 σ_i 数表达。并在其会议报告中建议:在空化模型试验中,尽可能采用高的雷诺数,并基于 McCormick 方法,利用经验公式 $\sigma_{if}/\sigma_{im} = k(Re_f/Re_m)^m$ 来考虑涡空泡的尺度效应来修正模型试验结果。下标 f 与 m 分别代表实船与模型尺度状态。McCormick[2-3]公式中的经验常数 k 表示试验条件如水质带来的影响,而公式中幂指数 m 表示雷诺数不同对涡空泡尺度效应的影响因子,此 m 值一般为 0.3~0.5,各个实验室略有不同。Arndt[4]及其合作者,建议空泡尺度效应公式采用 $\sigma_{it}/\sigma_{im} = kC_L(Re_f/Re_m)^{0.4}$,其中 C_L 为升力系数,k 为考虑次要影响因数如涡的卷起、气核、来流不稳定等的经验参数。美国Jessup等[5]在空泡水筒及大水槽中开展了军用水面船舶螺旋桨在不同尺度下的空泡起始研究,其中小尺度作为模型,大尺度作为实船尺度,以桨叶 0.7R 弦长作为特征长度的雷诺数分别为 4×10^6 与 5×10^7。在采用 McCormick 经验公式且幂指数取 0.4 时,从小尺度模型空泡起始结果预报到实船尺度时与大尺度实际测量的空泡起始结果有较大区别,此试验结果表明,简单地采用 McCormick 方法,可能存在很多疑问与不足,应用时需加以注意。同时对于不同类型推进器如水面船螺旋桨,水下回转体螺旋桨、泵喷推进器等,由于其负荷分布形式不同,其空泡尺度修正因子也不同,各实验室需要结合自己实际情况慎重选择。

如中国船舶科学研究中心针对某水下航行体螺旋桨梢部几何形状,研究不同尺度(表4-1)三维机翼梢涡空泡尺度效应,试验中共进行了三个不同尺度(图4-3)、不同攻角及不同水速条件下,不同空泡类型尺度效应研究,试验中最大雷诺数范围覆盖实型螺旋桨运行时雷诺数。试验中以 0.9R 处弦长为特征长度的水速雷诺数范围为 $(0.5~12)\times10^6$,不同攻角、不同雷诺数归一化的梢涡空泡起始尺度效应结果如图4-4所示,针对此种负荷分布形式的三维翼型其梢涡空泡尺度修正因子为 0.45。

表4-1 试验水翼主要特征参数

参 数		小水翼	中水翼	大水翼
缩比		1∶3	1∶1	2.5∶1
弦长 (对应桨叶 0.8R~1.0R)	$C_{0.8R}/mm$	228.0	683.9	1709.6
	$C_{0.9R}/mm$	181.8	545.3	1363.1
	$C_{1.0R}/mm$	74.5	223.5	558.8
展长	H/mm	99.3	297.9	744.8
最大厚度	T_{max}/mm	19.9	59.6	148.9
以 0.9R 弦长为特征长度的水速雷诺数	$Re/\times10^6$	约 0.5~1.6	约 1.4~4.8	约 3.6~12

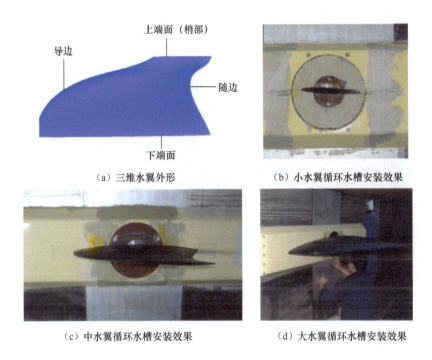

图 4-3　不同尺度三维水翼试验安装照片

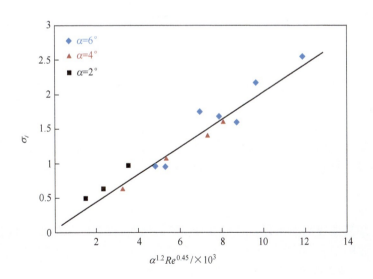

图 4-4　不同尺度三维水翼梢涡空泡起始应归一化处理结果

4.2.2 螺旋桨空泡水动力性能试验

当螺旋桨桨叶的空泡区域达到一定程度时(第二阶段空泡),螺旋桨的推力和扭矩会急剧下降,因此,在预报螺旋桨水动力性能时,除了要在拖曳水池中进行螺旋桨敞水试验外,还需要在空泡水筒中进行螺旋桨在空泡状态下的水动力性能试验。其试验目的是获得螺旋桨模型在给定来流条件下不同空泡数、不同进速系数下模型螺旋桨的水动力特性(推力、扭矩、效率),用于空泡状态下的螺旋桨水动力性能的预报和螺旋桨设计研究中比较、评估不同螺旋桨方案的空泡水动力性能,验证螺旋桨设计中水动力性能预报的准确性。

1. 试验的相似参数

螺旋桨模型空泡水动力试验时,应满足几何相似、运动相似、动力相似和空泡数相似。

几何相似:螺旋桨模型应按照同一缩尺比加工,保证螺旋模型与实桨几何形状完全相似。

运动相似:螺旋模型与实桨的流动进流角相似,即进速系数相等,在空泡水筒或循环水槽中,以等负荷系数来保证运动状态相似。

动力相似:螺旋桨模型空泡水动力试验时,要求试验雷诺数大于临界雷诺数,确保受力状态相似。雷诺数定义如下:

$$Rn_{(0.75R)} = \frac{L_{0.75R} 0.75\pi nD}{\nu} > 3 \times 10^5 \qquad (4-11)$$

空泡数相似:螺旋桨模型与实桨的空泡数相等,即 $\sigma_m = \sigma_s$。空泡数定义为

$$\sigma = \frac{P_0 - P_v}{0.5\rho v_0^2} \qquad (4-12)$$

式中:P_0 为模型螺旋桨桨轴中心的静压(Pa);P_v 为饱和蒸汽压(Pa);v_0 为来流特征速度(m/s)。

2. 测试仪器仪表

螺旋桨动力仪:用于确定试验工况的螺旋桨推力、扭矩测量。动力仪的最高转速、推力量程、扭矩量程应满足试验要求;转速控制精度 0.2%,推力、扭矩测量精度 0.2%。

3. 试验方法和试验程序

螺旋桨模型在空泡状态下的水动力性能的试验方法是:根据雷诺数必须大于临界雷诺数的要求,选取来流水速;调节模型桨轴中心的压力,达到试验要求的空泡数;保持来流水速和空泡数不变,调整螺旋桨模型的转速(改变进速系数);测量不同转速下螺旋桨模型的推力和扭矩。

螺旋桨在空泡状态下水动力性能的试验程序:

（1）用高强度的铝合金或铜加工螺旋桨模型,螺旋桨模型的主要几何参数与剖面型值的加工精度达到规定的标准;

（2）选取几个试验空泡数(一般不少于 4 个,其中包括一个螺旋桨不出现空泡的空泡数);

（3）调节来流水速(大于临界雷诺数的要求)达到要求,改变模型桨轴中心的压力,使其达到相当于大气的空泡数,保持水速和压力不变,从低到高调整螺旋桨模型的转速,待转速稳定后,测量该转速下的螺旋桨模型推力和扭矩;

（4）改变模型桨轴中心的压力,使其达到另一个空泡数,重复上述试验过程,得到该空泡数下的不同转速下螺旋桨模型的推力和扭矩,直至完成所有的试验工况;

（5）用假毂和顺流帽代替螺旋桨,按照与上述相同的工况进行无桨状态下的推力和扭矩测量,其结果作为推力和扭矩的基线。

4. 试验结果的表达

在满足必要的相似关系后,螺旋桨空泡状态下的水动力性能仅是进速系数和空泡数的函数,测量得到不同空泡数下的螺旋桨推力和扭矩,可计算得到无量纲系数 K_T 和 K_Q,用 $K_T=f_1(J,\sigma)$,$K_Q=f_2(J,\sigma)$,$\eta=f_3(J,\sigma)$ 的曲线表示。其中 K_T 或 K_Q 为螺旋桨模型的推力系数或扭矩系数。

推力系数：
$$K_T = \frac{T}{\rho n^2 D^4} \tag{4-13}$$

扭矩系数：
$$K_Q = \frac{Q}{\rho n^2 D^5} \tag{4-14}$$

效率：
$$\eta = \frac{Tv_A}{2\pi n Q} = \frac{K_T \rho n^2 D^4 V_A}{2\pi n K_Q \rho n^2 D^5} = \frac{K_T}{K_Q} \cdot \frac{v_A}{2\pi n D} = \frac{K_T}{K_Q} \cdot \frac{J}{2\pi} \tag{4-15}$$

式中：K_T 为推力系数；K_Q 为扭矩系数；η 为螺旋桨效率；T 为推力；Q 为扭矩；n 为螺旋桨转速；D 为螺旋桨直径。

根据试验测量结果绘制成螺旋桨模型空泡状态下水动力性能曲线,如图 4-5 所示,即可形成空泡状态下螺旋桨水动力性能。

斜流状态下螺旋桨模型空泡水动力性能试验时,在满足上述的相似关系后,螺旋桨空泡状态下的水动力性能仅是斜流角、进速系数和空泡数的函数,因此,测量得到不同斜流角、不同空泡数下的螺旋桨推力和扭矩,可计算得到无量纲系数 K_T 和 K_Q,η,斜流螺旋桨空泡水动力性能试验结果可表达为 $K_T=f_1(J,\sigma,\theta)$,$K_Q=f_2(J,\sigma,\theta)$,$\eta=f_3(J,\sigma,\theta)$ 的函数曲线。

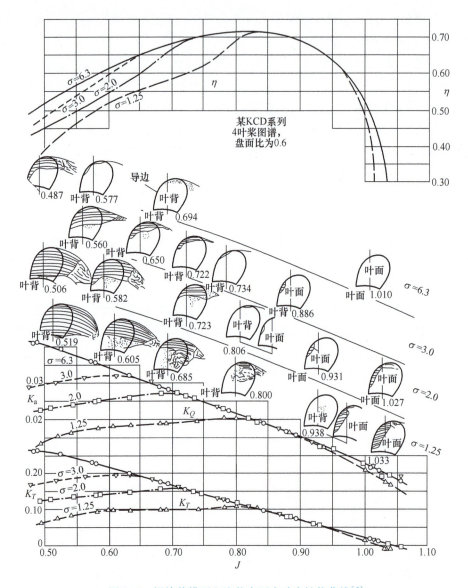

图 4-5 螺旋桨模型空泡状态下水动力性能曲线[6]

4.3 伴流场中螺旋桨空泡形态观测性能试验

螺旋桨模型的空泡观测试验的主要目的是获得螺旋桨在不同空泡数、进速系数(负荷)下桨叶上空泡的位置、形态和范围,用于比较、评估不同螺旋桨方案的空泡特性,验证在螺旋桨设计中的空泡性能预报结果,同时评估剥蚀风险程度。

研究螺旋桨桨叶表面空泡形态,一般需考虑船舶来流的影响,均匀来流条件下空泡形态试验作用有限。因为在实际螺旋桨工作时,螺旋桨一般在船体的尾部运行,螺旋桨的前方来流并不是均匀的,而是一个在桨盘面处各点处的速度大小和方向皆不同的复杂流场。为了真实地评估螺旋桨在实际流场中的性能,必须模拟非均匀流场中的螺旋桨空泡形态观测性能试验。

模型试验中所说的非均匀流场就是指船尾螺旋桨盘面处的速度场(伴流场)。伴流场的速度可以分解为轴向速度、切向速度和径向速度三个分量来表示。一般来说,切向速度和径向速度与轴向伴流速度相比,相对较小。因此,模型试验时通常讲的伴流主要是指轴向伴流。

伴流的大小通常用螺旋桨盘面处流体的平均速度 u 对船速 v 的比值 w 来表示,w 则称为伴流分数。

$$w = \frac{u}{v} = \frac{v - v_A}{v} = 1 - \frac{v_A}{v} \qquad (4-16)$$

式中:u 为螺旋桨盘面处流体的平均速度;v_A 为螺旋桨的进流速度;v 为船速。

4.3.1 伴流场模拟

为研究螺旋桨在船后伴流场中的空泡起始、形态、水动力性能、噪声性能等,均需要在空泡水筒或其他螺旋桨空泡性能的试验设施中进行船后伴流场的模拟,即在模型试验时再现螺旋桨盘面处的速度分布。

目前,伴流场的模拟主要采用以下几种方法。

1. 纯网格模拟法

以拖曳水池中测量得到的轴向伴流场(经尺度效应修正后的轴向伴流场)为目标,在桨盘面前方 400~500mm 处安装一套不同疏密分布的金属网格,利用流动通过不同疏密网格后,流动速度产生不同亏损的原理获得桨盘面处的速度分布的方法称为纯网格模拟法。

纯网格法的模拟伴流场的操作过程:

在桨盘面前方安装一个可以固定金属网格的支架,根据模拟伴流场的范围大小、速度分布情况,凭借模拟伴流场的经验预先配置不同疏密金属网格,并安装于支架上。在模型螺旋桨的轴上安装梳状毕托管,毕托管的总压孔与桨盘面位置一致。梳状毕托管一般可同时测量模型螺旋桨 $0.4R$~$1.1R$ 范围内的 5 个半径上的速度。

选择与模型试验相近的来流速度,应用梳状毕托管测量一周 360°内不同周向角位置上的速度分布。测量角度的间隔一般取 10°,其中在伴流变化激烈的角位置上可适当加密。将测量结果表示为不同半径,以周向角为横坐标,速度为纵坐标的速度分布曲线,并与目标伴流分布(转换为速度分布)比较。若两者有较大差异,则调整金属网格的疏密,直至两者相近(评判标准一般为同半径上的平均速度的相对偏差小于5%,峰值相对偏差小于10%)。图 4-6 为空泡水筒中采用纯网格法模拟伴流场的照片。

图 4-6 纯网格法模拟伴流场的照片

2. 假船尾加网格模拟法

假船尾加网格法模拟不均匀流场是网格法的一种发展。此方法由一只与实船尾部几何相似,而前面"船体"缩小、光顺的流线型的假船尾和安装在"船体"上的与水流垂直的网格组成,通过船尾模型和网格的联合作用模拟伴流场。

船体尾部通常 0~1.5 站与实船几何相似。模拟伴流时同样以拖曳水池测量得到的船后轴向伴流场(经尺度效应修正后的轴向假尾伴流场)为目标,通过调整金属网格疏密达到模拟伴流场的目的。由于这种方法产生的伴流场大部分是由假尾引起的,所以能够一定程度考虑切向和径向伴流场的存在,也从一定程度考虑船体尾部与螺旋桨的相互作用。

伴流模拟的过程和方法与网格法相同,通过改变网格的疏密程度,逐次逼近。在模拟时,要注意防止"船体"表面发生严重的流动分离现象。一旦出现这种现象,应减薄前方的"船体"。

由于采用假船尾加网格法能模拟不均匀流场的轴向分量,且保证了模型螺旋桨与船体尾部的相对位置相似,因此,在开展螺旋桨脉动压力测量一类的试验时,可在船体尾部固壁的相应位置上安装压力传感器,增加试验结果的可信度。图 4-7 为假船尾加网格模型安装照片。

3. 全附体船模模拟

在大型循环水槽或减压水池中进行螺旋桨空泡性能试验时,可以直接采用全附体船模模拟螺旋桨的伴流场,如图 4-8 所示。

由于整体船模具有与螺旋桨相同的缩比和相对位置,模拟得到的伴流场与水池中测量的标称伴流场吻合度较好。由于不同循环水槽船后伴流测量结果表明与

图 4-7 假船尾加网格模型安装照片

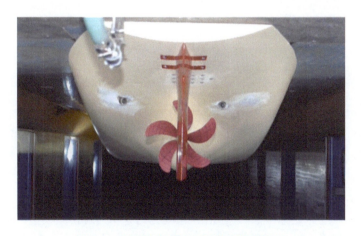

图 4-8 循环水槽安装全附体船模的照片

水池结果几乎一致,因此进行空泡试验时,一般不需要进行伴流场测量。

4.3.2 螺旋桨空泡形态观测试验[7]

1. 试验相似参数

伴流场中螺旋桨模型空泡起始和空泡观测试验时应满足的相似参数,即几何相似、负荷系数相等、运动相似和空泡数相等。

几何相似:螺旋桨模型与全附体船舶模型按同一个缩比加工,确保模型与实船几何相似。螺旋桨模型安装于船模时,与实船安装位置相似,即桨盘面位置与给定位置尺寸误差不大于 2.0mm,桨与舵之间距离安装误差不大于 2.0mm。

负荷系数相等：螺旋桨模型和实桨应满足推力系数或扭矩系数相等,即 $K_{T_m} = K_{T_s}$ 或 $K_{Q_m} = K_{Q_s}$。

推力系数：
$$K_T = \frac{T}{\rho n^2 D^4} \tag{4-17}$$

扭矩系数：
$$K_Q = \frac{Q}{\rho n^2 D^5} \tag{4-18}$$

空泡数相等:应满足螺旋桨桨叶位于桨轴线上方12点钟位置时,桨叶 0.8R 处的转速空泡数与实桨相等,即 $\sigma_{n0.8R_m} = \sigma_{n0.8R_s}$。

0.8R 处转速空泡数：
$$\sigma_{n0.8R} = \frac{P_{0.8R} - P_v}{0.5\rho(0.8\pi nD)^2} \tag{4-19}$$

注:军用高航速船舶螺旋桨一般要求在 0.9R 处的空泡数相等。如有特殊要求,可按要求进行。

雷诺数大于临界雷诺数:桨叶 0.7R 处的雷诺数 $Rn_{0.7R}$ 应大于临界雷诺数,临界雷诺数取 5×10^5。

$$Rn_{0.7R} = \frac{C_{0.7R}\sqrt{v^2 + (0.7\pi nD)^2}}{\nu} > 5 \times 10^5 \tag{4-20}$$

空气含量:大型循环水槽采用全附体船模时,空泡、脉动压力测试时,试验用水中的相对空气含量不宜过低。在确保能清晰观测螺旋桨表面空泡形态情况下,循环水槽实验室水的空气含量一般不大于 0.85 且不小于 0.60。对于以模拟伴流场在空泡水筒进行空泡形态观测试验时,其空气含量依各自水筒特点与经验决定。

2. 试验仪器仪表

频闪仪:产生一定频率的频闪光,当频闪光的频率与螺旋桨模型转速成整数倍时,可借助频闪光清晰地观测到桨叶上出现的不同类型空泡。彩色微型 CCD 及视频编码器,用于对螺旋桨视频信号的测量与记录保存。同步信号控制器,利用螺旋桨模型轴系转速信号触发频闪仪灯光频率,追踪定位螺旋桨桨叶运动位置,在视觉上可以冻结或减缓桨叶运动。

3. 空泡观测用视频观测系统的安装与调试

全附体模型螺旋桨空泡观测用视频控制系统的安装与调试步骤如下：

(1) 频闪仪灯头布置在试验段两侧合适位置,频闪光源可照亮整个螺旋桨模型所在区域。

(2) 在试验用螺旋桨模型前上方船底板上左右两侧和船模后方,分别安装微型 CCD。双桨或多桨船可在桨模前上方船底板上开一个小型窗口,利用透明有机玻璃板代替船底线型,并在有机玻璃板上方船模内安装小型摄像头观察螺旋桨桨叶背空泡,在船模后方安装摄像头观察螺旋桨桨叶面空泡。所有摄像头的布置以能清晰拍摄到螺旋桨桨叶典型位置上的空泡特征且不影响螺旋桨进流场为准。

(3) 采用基于螺旋桨模型转速输出信号与同步信号控制器控制频闪灯闪光频率,实现对螺旋桨桨叶准确定位与跟踪。

4. 螺旋桨空泡观测程序

螺旋桨模型空泡观察试验程序如下:

(1) 试验前根据螺旋桨的旋向,并在桨叶表面画出半径线与螺旋桨桨叶参考线,确定最容易产生叶背空泡的第一象限(从后向前看,对应时钟12点~3点区域)及叶面空泡的第三象限(从后向前看,对应时钟6点~9点区域)。

(2) 在循环水槽完全充满水的情况下,通过调节频闪灯光的位置及强弱,选择合适的摄像头焦距,确保桨前方摄像头能较好观测螺旋桨轴线以上范围内叶片可能产生空泡的区域及螺旋桨表面上的标记线,桨后方空泡观测的摄像头需避开舵的影响,能较好观测可能产生叶面空泡的区域。

(3) 空泡试验前,需测量螺旋桨水动力性能,测量点必须包含试验工况下推力系数或扭矩系数,且在试验工况点对应的推力系数或扭矩系数前后至少有3个测量点。

(4) 试验状态参数确定。根据螺旋桨水动力结果,按照实桨工况的负荷系数,确定等负荷系数条件下螺旋桨模型试验的进速系数,选取合适的螺旋桨模型试验转速及试验水速,确保试验雷诺数大于临界雷诺数,再根据空泡数相等条件,调节试验时必须满足的压力条件。

(5) 通过摄像头及存储设备记录指定工况下螺旋桨模型一周(一般间隔10°),桨叶叶背及叶面空泡形态变化情况,对于摄像头拍摄不到的区域,需结合肉眼观测,记录空泡产生情况,并手绘桨叶表面空泡一周发展过程的空泡形态图。

(6) 面空泡裕度测量。以消失面空泡作为面空泡的起始,首先确定桨叶叶面在实船对应工况时是否有面空泡,若无面空泡,需保持试验水速与压力不变,降低螺旋桨转速,使螺旋桨叶面面空泡充分发展,再缓慢增加螺旋桨模型转速。当螺旋桨叶面空泡刚好消失时,记录面空泡消失时的试验转速及试验水速。

5. 螺旋桨空泡观测案例

根据水池自航试验报告,获取所需要进行空泡观测试验状态,并根据试验设施合理选择准备进行空泡中的螺旋桨及船体模型缩比。试验前首先检查上面提及的需要的测量设备是否在有效期内且合格,其次按试验安装与调试步骤准备试验模型,并确认试验工况如表4-2所示。空泡形态图及典型照片如图4-9及图4-10所示。

表 4-2　空泡观测试验工况

项　　目	设计吃水 （CSR 与 15%S. M.）	压载吃水 （CSR 与 15%S. M.）
收到功率 P_D/kW	5359	5359
吃水 T_F 或 T_A/m	11.3 或 11.3	4.3 或 7.7
轴高 h_s/m	3.55	3.55
航速 v_s/kn	14.33	14.50
转速 n_s/(r/min)	75.1	74.8
转速空泡数 $\sigma_{n(0.8R)}$	0.6201	0.4740
负荷系数 K_T	0.1928	0.1964
模型试验转速 n_m/(r/min)	28	28
空气含量 α/α_s	约 0.8	约 0.8
水温 T_w/℃	18.0	18.0

注：CSR 为持续服务功率，S.M. 为海洋运行功率储备。

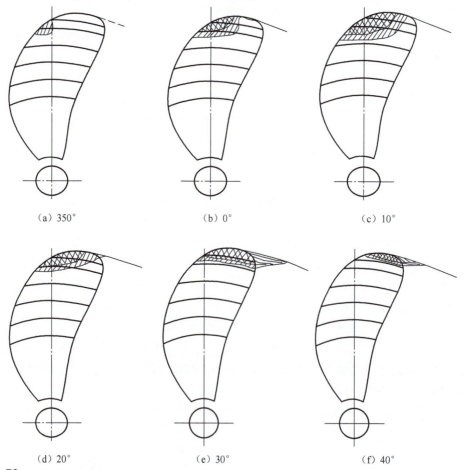

(a) 350°　　(b) 0°　　(c) 10°

(d) 20°　　(e) 30°　　(f) 40°

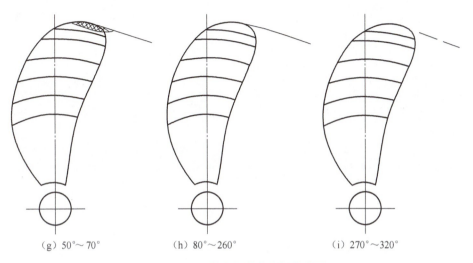

(g) 50°~70°　　　　　(h) 80°~260°　　　　　(i) 270°~320°

图 4-9　压载吃水状态空泡形态图

(a) 0°　　　　　　　　　　　　　　　(b) 10°

(c) 20°　　　　　　　　　　　　　　(d) 30°

(e) 40°　　　　　　　　　　　(f) 50°

图 4-10　压载吃水状态空泡试验典型形貌

根据上述试验工况,观测指定工况下桨叶表面空泡形态及面空泡裕度。面空泡裕度(face cavitation margin):船舶在指定运行工况下螺旋桨负荷系数与产生面空泡时的负荷系数之差除以该指定运行工况下螺旋桨负荷系数的百分数。

空泡观测结果按以下方式表述:

(1) 根据试验现场结果及空泡录像影像资料,按空泡图例手工绘制空泡形态图,在螺旋桨模型转动一周(360°)范围内,每间隔 10°(以 12 点钟为 0°,从船艏向船艉看,对于右旋桨,逆时针为角度增加方向)绘制螺旋桨叶背空泡形态图,由此可确定桨叶上各类型空泡起始、发展到消失过程的空间位置与空泡程度。

(2) 根据面空泡裕度测量的试验转速、水速及螺旋桨模型直径,计算面空泡消失时的进速系数,并根据水动力结果计算产生面空泡起始时的负荷系数及面空泡裕度。如果面空泡裕度小于 15%,需给出具体百分数。

(3) 根据空泡观测视频录像截取典型角度下空泡照片,以照片+空泡形态图形式表达桨叶表面空泡观测结果。

(4) 根据空泡形态图及桨叶表面空泡动态发展过程,判断桨叶表面空泡是否有剥蚀风险,如存在剥蚀风险,需捕捉部分空泡分离、脱落、聚集、破碎与反弹过程,预估剥蚀风险程度与剥蚀位置,为进一步确认剥蚀风险,可结合软面法的剥蚀试验进一步验证。

4.4　螺旋桨空泡诱导的脉动压力性能试验及预报[7]

空泡诱导的脉动压力试验一般与空泡形态观测同时进行,主要测量桨叶表面空泡周期性产生、发展及溃灭过程中对桨叶上方船底表面的非定常压力。通过模型尺度测量的脉动压力按相似原理换算到实船不同叶频阶数脉动压力幅值,用以评价船舶尾部是否产生振动超标风险。脉动压力试验相似参数与空泡形态观测完全相同,在此不再列出。

1. 试验仪器仪表

压力传感器:用于脉动压力测量的压力传感器,其膜片直径一般不大于6.0mm,水中的频率响应不小于10kHz,量程不大于200kPa,非线度不大于0.5%。

直流放大器:放大器激励桥压精度不大于0.1%,具有低通滤波功能,且多档位可选,满足试验所需滤波频段,频率响应不小于20kHz,放大倍数不小于1000倍。

转速编码器:用于转速信号控制的光栅增量式转速编码器,线数不小于256线。

数据采集卡:脉动压力信号数据采集卡须具有外触发同步采样和内触发同步采样功能,分辨率不小于12bit,采样频率不小于20kHz,通道数不少于脉动压力测量点数。

2. 脉动压力传感器的安装

脉动压力传感器安装需满足以下条件:

(1)测量模型螺旋桨空泡诱导的脉动压力传感器安装在桨盘面上方的船底板上,脉动压力传感器数量应不少于5个,且在桨盘面正上方必须有一个压力传感器。传感器布置区域一般在桨盘面上方船底板上1倍螺旋桨模型直径区域内,具体视船尾的实际情况而定,传感器之间距离为0.1D~0.3D之间,如图4-11所示。

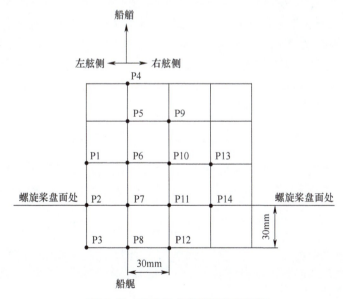

图4-11 脉动压力传感器布置示例

(2) 压力传感器安装时,必须保证传感器的膜片与船底板下表面齐平,且船底板传感器安装孔边缘无毛刺与明显凹凸点。

3. 脉动压力测量程序

脉动压力测量程序如下:

(1) 试验前,需对测量用传感器、放大器、采集卡整个测量系统作压力标定,计算传感器的标定系数。

(2) 测量并保存指定工况下每个通道空泡诱导的脉动压力原始电压时域信号及转速脉冲信号,采样频率需大于 20kHz,采集数据 $N > 100$ 转的脉动压力信号。

(3) 待所有指定试验工况测试结束后,以设计吃水状态的负荷系数为相似条件,选择合适的试验水速和螺旋桨转速,调节压力直至螺旋桨叶片表面无任何类型空泡产生时,测量无空泡状态下螺旋桨诱导的船体脉动压力电压时域信号及转速脉冲信号。

4. 脉动压力测量结果分析与表达

将采集的 N 转脉动压力信号按每 10 转一组,共 $K=[N/10]$ 组(次),用转速脉冲重新采样,对第 k 组(次)10 转信号进行傅里叶分析:

$$P_{k(t)} = \sum_{i=1}^{q} Pi_k \sin(iz\omega t + \phi i_k)\ (i = 1,2,3,\cdots;k = 1,2,3,\cdots,K)$$

式中: i 为脉动压力叶频阶数; Pi_k 为第 k 次采样第 i 阶脉动压力叶频谐调分量的幅值(Pa); ϕi_k 为第 k 次采样第 i 阶脉动压力叶频谐调分量对应的相位角; z 为螺旋桨叶数; ω 为螺旋桨转速,(1/s), $\omega = 2\pi n$。

利用重复采样的 K 次信号进行同样处理后,取算术平均可求得各测量点的螺旋桨 i 阶叶频分量脉动压力幅值 P_i,即

$$Pi = \frac{\sum_{k=1}^{k} Pi_k}{K} \tag{4-21}$$

相位角则用以上 k 次第 i 阶脉动压力叶频谐调分量向量和的相位值 ϕ 表示各位置之间以及各阶之间的相位,根据下式计算得到无量纲的脉动压力系数 K_{Pi}:

$$K_{Pi} = \frac{Pi}{\rho n^2 D^2} \tag{4-22}$$

因螺旋桨模型试验中雷诺数大于临界值,忽略脉动压力尺度效应影响条件下,此结论已经大量实船脉动压力证实[8],根据模型试验的相似关系,可得实尺度船舶脉动压力系数:

$$K_{Pi_s} = K_{Pi_m} \tag{4-23}$$

由 K_{Pi_s} 即可预报实船螺旋桨在指定试验工况下的脉动压力各阶叶频分量的幅值。

$$Pi_s = K_{Pi}\rho_s n_s^2 D_s^2 \quad (i = 1,2,3,\cdots) \qquad (4-24)$$

脉动压力测量结果可按下述方式表达，左列为传感器编号（脉动压力传感器编号与其具体安装位置可参考图 4-12 所示）右列为 1~5 阶叶频分量。前五阶叶频分量用柱状图画在同一图上，如图 4-13 所示。同时，根据需要也可给出无量纲脉动压力系数及其相位。

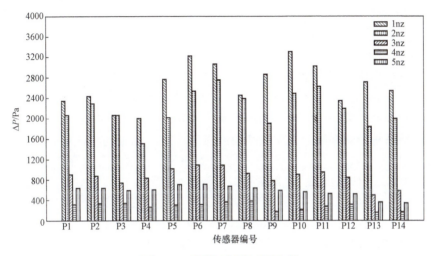

图 4-12　预报实船脉动压结果

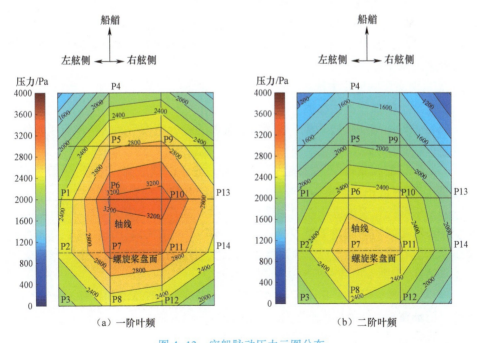

（a）一阶叶频　　　　　　　　　　（b）二阶叶频

图 4-13　实船脉动压力云图分布

4.5 船舶螺旋桨模型的空泡剥蚀试验

螺旋桨空泡剥蚀是指螺旋桨由于空泡溃灭产生的螺旋桨表面材料剥落现象。螺旋桨模型空泡剥蚀试验的目的是确认并评估船舶螺旋桨在运行工况下是否存在空泡诱导的剥蚀风险;判断螺旋桨可能引起空泡剥蚀的位置和区域,用于预报实船螺旋桨空泡剥蚀的位置及可能性。

螺旋桨空泡剥蚀试验可以在空泡水筒、可变压循环水槽、减压水池中进行。目前,全世界较为成熟与流行的螺旋桨剥蚀风险评估方法是基于空泡形态判别法,再采用软面法的空泡剥蚀试验来进行确认。即在模型螺旋桨表面均匀喷涂一层非常薄、容易被空泡剥落的软材料,在螺旋桨模型模拟的实际运行工况下连续运转一定的时间,然后观测螺旋桨表面涂层的剥落情况,是否与空泡形态中不稳定空泡脱落、破碎、聚集与溃灭位置一一对应,判断并预报实船螺旋桨是否存在空泡剥蚀风险及可能产生剥蚀的位置。螺旋桨模型空泡剥蚀试验往往与空泡观测一起进行,根据空泡形态观测结果预判可能产生剥蚀的程度与位置,再结合空泡剥蚀试验中软涂层表面剥落点位置与程度,确认剥蚀风险。空泡剥蚀试验时,其相似参数与空泡形态观测相同,只是可能试验中的工况不同而已,因此不在此列出。

1. 试验仪器仪表

用于螺旋桨空泡剥蚀试验的涂层要求不溶解于水、具有一定的附着力、容易喷涂、喷涂后对螺旋桨的水动力性能不产生大的影响。国际上常采用酒精稀释后的有机溶剂性的印刷油墨和龙胆紫、虫胶、酒精按一定比例配制而成的钳工蓝油。国内通常采用钳工蓝油。

2. 表面涂层的操作方法

表面涂层的操作方法如下:

(1) 清理螺旋桨模型的桨叶表面将试验用的螺旋桨模型的桨叶表面用酒精清洁干净,表面无油脂,清洁后需要彻底干燥。

(2) 即时配制涂料(钳工蓝油),混合均匀;或是前期配制的涂料,使用前不可摇晃,防止下方沉积物杂质影响喷涂结果,只需轻拿取上层涂料使用。

(3) 用喷枪或喷淋方式在模型螺旋桨的桨叶表面上均匀地喷涂一薄层涂料,放置在通风良好的房间内干燥 60min 以上,必要时可用风扇让其快速干燥。模型表面不能留有涂料杂质形成的斑点或不同层次涂层的堆积,特别对于外半径桨叶导边与梢部,否则重新清洗模型表面和重新喷涂。

(4) 在试验之前需要记录模型喷涂后表面状态,任何喷涂的划伤和随意的损坏都应记录在案,并拍照片记录,作为对比样本。

喷涂后的螺旋桨的桨叶表面如图 4-14 所示。

图4-14 喷涂后的螺旋桨的桨叶表面(3#叶片未喷涂)

3. 试验方法和试验程序

螺旋桨模型空泡剥蚀试验的试验方法:在螺旋桨模型表面均匀喷涂一层非常薄的、容易被空泡剥落的涂料,在实际运行工况下连续运转一定的时间,然后观测螺旋桨表面涂料的剥落情况,并结合空泡形态观测结果,判断实船螺旋桨是否存在空泡剥蚀风险及可能产生剥蚀的位置。

螺旋桨模型空泡剥蚀试验的试验程序:

(1)喷涂完毕满足试验要求的螺旋桨安装于船后伴流中,且安装中手指不可触碰任何喷涂的桨叶表面。

(2)根据试验雷诺数大于临界雷诺数要求,确定来流水速,根据等空泡数和等负荷系数(等推力系数)相似的原则确定压力及螺旋桨转速。

(3)试验工况应选取实船螺旋桨长期运行的工况或客户指定工况(如满载或压载)。试验开始后在尽可能短的时间内达到要求的螺旋桨试验工况,并在该工况下连续运行45~60min,一般连续运行时间不超过120min。同时,仔细观测和记录该运行工况下的空泡位置、空泡类型和空泡形态。试验时要特别注意不稳定空泡、强烈破碎空泡、云雾状空泡的产生与溃灭区域。

(4)试验结束后,取出螺旋桨模型,且采取措施排除附着水滴对拍照的影响,随后对螺旋桨桨叶表面的涂层进行仔细观测和记录(拍摄照片),并与试验之前的状态进行比较。

4. 试验结果的表达与分析

螺旋桨模型空泡剥蚀试验的试验结果以涂喷桨叶表面剥蚀试验前后对比照片表示,特别是对试验后照片的仔细观测,确定是否有针孔状剥落点,喷涂的各个桨叶出现剥落点位置区域相近,剥落程度相似,且与不佳空泡形态一一对应。图4-15为

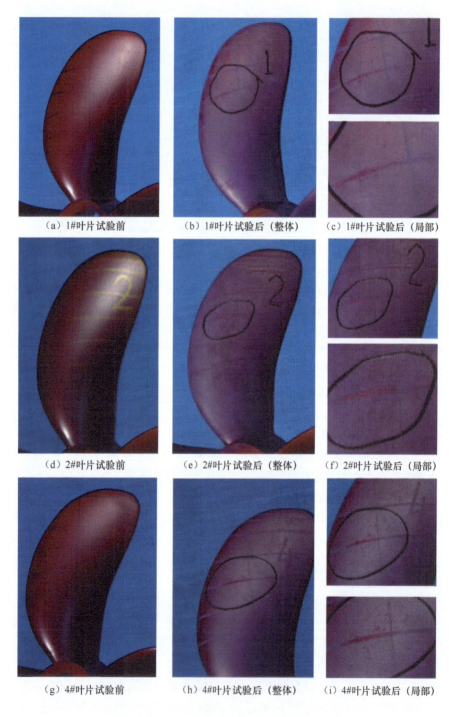

图 4-15 桨叶表面剥蚀试验前后结果对比[7]

存在空泡剥蚀风险照片结果，喷涂的各个桨叶在0.7R与桨叶参考线交叉点附近均存在较多针孔状剥落点，区域相同，特点相似，证明这是共性特点，且也是空泡脱落与溃灭区域[9]。螺旋桨空泡剥蚀试验方法同样可用于舵和附体的空泡剥蚀试验。

5. 空泡剥蚀风险分析注意事项

完成空泡剥蚀试验后，对剥蚀风险的判断必须结合泡形态图，从空泡形态图中追根溯源，找出异常空泡产生、发展、溃灭的过程，并从中确认溃灭空泡的位置是否在桨叶表面，对这一点的确认是非常困难的，即使通过10000帧的高速摄像机也不一定能分辨。但是可以通过桨叶表面脱落的异常空泡从大变小聚积于一点溃灭后，又从溃灭点附近生长变大，且这一系列过程均未超出桨叶。反复观摩研究空泡动态变化过程，空泡形态结果确定的剥蚀位置与软面法确定的剥落痕迹一致才能确认空泡剥蚀风险的存在。

图4-16为某螺旋桨[9]进行空泡剥蚀试验结果。试验中桨叶表面在0.6R~0.8R导边处产生局部片空泡，此部分背片空泡与外半径梢部片空泡分离、脱落，且近似沿着桨叶弦长方向发展。随着桨叶进入低伴流高压区，此部分片空泡聚集收缩，溃灭于0.7R与桨叶参考线交叉点附近，随后在溃灭点附近区域空泡面积又增

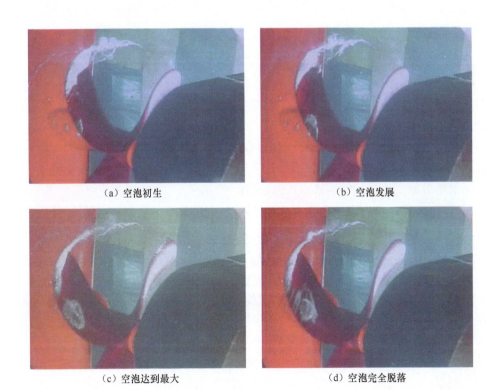

（a）空泡初生　　　　　　　　　　（b）空泡发展

（c）空泡达到最大　　　　　　　　（d）空泡完全脱落

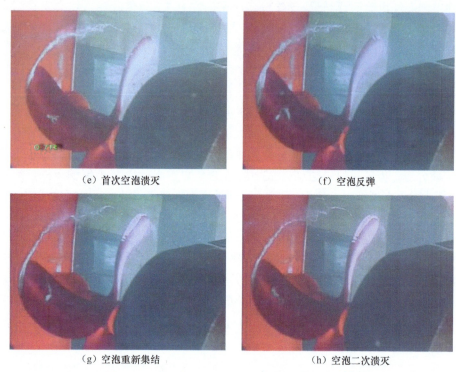

(e）首次空泡溃灭　　　　　　　　（f）空泡反弹

(g）空泡重新集结　　　　　　　　（h）空泡二次溃灭

图4-16　桨叶部分片空泡脱落溃灭于桨上过程[7]

大,反复聚集溃灭,形成微小气泡组成的云雾状态空泡,且这一系列过程并未超出桨叶边界,从这一点可以确认在桨叶表面有空泡反弹的动作而进一步证实确认前期空泡溃灭于桨叶表面。

从空泡形态图中确定空泡剥蚀位置在 $0.7R$ 与桨叶参考线交叉点附近,与剥蚀试验中剥落痕迹点位置结果一致,证明此种空泡形态存在剥蚀风险。剥蚀试验,绝不可单以软面法试验结果来确认剥蚀风险的存在,因为桨叶表面喷涂质量与多种因素有关,经常性出现喷涂原因,产生异常的剥落痕迹点且与空泡无关。

4.6　船舶附体空泡试验

船舶附体空泡试验与螺旋桨空泡试验方法相似,主要用以确定附体空泡起始状态或指定状态下,附体表面空泡产生程度。附体空泡试验主要评判附体线型好坏、线型优化与优选以及安装角度优选等。船舶附体相对船体为静止或低速运动状态,当进行附体空泡试验时,必须考虑其雷诺数影响,雷诺数过低,往往无法模拟实际现象,达不到所需试验结果,因此进行附体空泡试验时,经常以附体个体作为试验对象,并结合其他结果在一定攻角范围内,以较大尺度模型开展试验。图 4-17~图 4-20 为典型附体空化照片案例。

(a) 充分空化　　　　　　(b) 空化起始后　　　　　　(c) 天空化

图 4-17　球鼻艏空泡起始观测过程示意图

(a) $v_s = \times \times \mathrm{kn}$　　　　　　　　　　(b) $v_s = \times \times \mathrm{kn}$

图 4-18　球鼻艏空形态观测

图 4-19　某导流板安装效果及空泡试验照片

(a)优化前

(b)优化后

图 4-20 双臂支架空泡性能优化[10]

1. 试验相似参数

附体进行空泡起始测量和空泡形态观测试验满足几何相似、运动相似和空泡数相似的准则。

船舶附体产生的空泡一般以片空泡为主(也存在伸出船体外的翼端梢涡空泡,如减摇鳍、节能定子等梢部产生的梢涡空泡),文献和经验表明,船舶附体的起始空泡数在雷诺数 $Rn = 10^5 \sim 10^8$ 范围内均保持较好的一致性。因此模型试验时,其试验中雷诺数需大于临界值。

$$Rn = \frac{vL}{\nu} \geqslant 5 \times 10^5 \tag{4-25}$$

式中:v 为试验水速(m/s);L 为特征长度(m);ν 为水筒水介质的运动黏性系数(m²/s)。

空泡数相似指模型试验时,应以附体可能出现空泡区域当地空泡数相等,$\sigma_m = \sigma_s$。空泡数定义为

$$\sigma = \frac{P_0 - P_v}{0.5\rho v^2} \tag{4-26}$$

式中:P_0 为可能产生空泡区域附体局部中心的静压(Pa);P_v 为饱和蒸汽压(Pa);

v 为来流特征速度单位(m/s)。

2. 空泡试验程序

在空泡起始观测试验中,在设定水速条件下,先降低压力至空泡出现并发展,然后缓慢增加压力,采用肉眼观察空泡消失点作为起始判据。空泡观察测试时,按模型和实船的局部区域空泡数相等进行,对所关心区域出现空泡时,对空泡形态、程度及位置进行照相记录。

3. 试验结果的表达

对于某附体的空泡起始,采用肉眼观测的方法来测量起始空泡数并换算空泡起始航速。对于空泡形态观测,则在指定航速下记录空泡产生位置与程度。

参 考 文 献

[1] 19th ITTC.Cavitation Committee[C].Madrid, Spain:ITTC,1990.

[2] MCCORMICK B W.A Study of the minimum pressure in a trailing vortex system[D].Penn State:The Pennsylvania State University.

[3] MCCORMICK B W.On cavitation produced by a vortex trailing from a lifting surface[J]. J. Basic Eng.,1962,84:369-379.

[4] ARNDT R, DUGUE C.Recent advances in tip vortex cavitation research[C].Hamburg,Germany:International Symposium on Propulsors and Cavitation,1992.

[5] JESSUP S D, REMMERS K D, BERBERICH W G.Comparative CAVITATION PERFORMANCE OF A NAVAL SURFACE PROPELLER[C].New Orleans, LA :ASME,1993.

[6] CARLTON J S.Marine propellers and propulsion[M].Amsterdam:Elsevier, 2007.

[7] GB/T 36580-2018,船舶螺旋桨空泡脉动压力模型试验方法[S].北京:中国标准出版社,2018.

[8] JOHANNSEN C.The propeller as a main exciter of ship vibrations-how to avoid problems[C].Petersburg:Presented at the International Shipbuilding Conference,2002.

[9] 黄红波.某伴流补偿导管对螺旋桨空泡及空泡剥蚀性能影响研究[J].船舶力学,2017,21(7):821-831。

[10] 黄红波.多桨船双臂支架空泡性能优化及其对螺旋桨空泡性能影响研究[J].中国造船,2015,56(2):150-158。

第 5 章　空化噪声性能模型试验技术

不论是水面船舶、潜艇,还是鱼雷等水下航行体,其噪声源都可分为三大类:由推进器(螺旋桨等)引起的直接辐射声和间接辐射声、由动力装置引起的机械噪声和由流体流动引起的水动力流噪声。但这三类噪声源随航速的增加其影响程度不同:动力装置引起的机械噪声随航速的变化几乎不变,而推进器噪声和水动力流噪声随航速的增加成 2~3 次方关系递增。当水下航行体航速为 8kn 以上时,推进器成为航行体的主要辐射噪声源。而在低航速时,主要噪声源是动力装置。一般而言,水动力流噪声对航行体的辐射噪声的贡献很小,它主要影响航行体本身声呐的自噪声。当航行体在高速航行时,推进器叶片上会出现空化,这时辐射噪声级随航速的 5~7 次方关系递增。水下航行体辐射噪声级和航速的变化关系可用图 5-1 来说明。图 5-1 中 v_c 为临界航速。从图中可清楚地看出,航行体在低航速时,其辐射噪声主要由机械噪声产生,且在一段航速范围内噪声级变化很小,而当航行体航速大于 v_p 时,螺旋桨的非空泡噪声起主要作用;当航行体航速进一步增加到 v_c 时,螺旋桨叶片上有空泡产生,这时螺旋桨的空泡噪声会使航行体的辐射噪声大幅度上升。

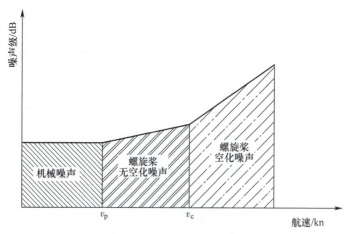

图 5-1　水下航行体辐射噪声随航速的关系

对于推进器的直接辐射噪声,可分为推进器的非空泡噪声和空泡噪声两类。

推进器的非空泡噪声包含两部分,一部分是离散谱(线谱)噪声,另一部分是宽带噪声。离散谱噪声主要是由船舶尾部及附体产生的非均匀流场和推进器叶片的相互耦合作用引起的,即流场空间不均匀与推进器相互作用产生。另一种非空泡噪声是推进器的宽带噪声,包括低频宽带噪声、中高频宽带噪声等,主要是船舶艉部流场非定常特性与推进器相互作用引起的,即流场时间不均匀与推进器相互作用产生。当船舶高于临界航速航行时,推进器叶片上会产生空化,从而形成空泡噪声。因为空泡噪声是单极子性质的,而非空泡噪声主要是偶极子型的,同时由于船舶推进器的马赫数(Ma)一般小于 0.02,因此推进器上一旦出现发展中的空泡,其空泡噪声就成为主要噪声源,非空泡噪声成为次要成分。图 5-2 是典型的舰船辐射噪声谱图。从图中可知,当螺旋桨(推进器)不出现空泡时,推进器辐射噪声主要由螺旋桨的离散谱噪声和宽带噪声以及由动力装置等产生的机械离散谱噪声组成。而当螺旋桨上一旦出现空泡,就会使航行体辐射噪声大小谱和声级发生明显变化,这时船舶的辐射噪声大小几乎都由螺旋桨的空泡噪声决定,起主导地位。

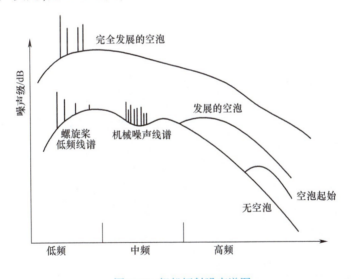

图 5-2 舰船辐射噪声谱图

噪声水平的好坏直接决定军用舰船的生存能力。随着人们对海洋生存环境的重视,2014 年国际海事组织(IMO)向民用商船螺旋桨空泡噪声推荐了指导性建议——*MEPC.1-Circ 883 Noise Guidelines April* 2014。此文件中虽没有明确指明噪声的频段与量级,但此文件的出现表明,人们对噪声水平的控制越来越重视。

5.1 空泡噪声

5.1.1 空泡噪声机理[1]

空化过程通常伴随着空泡产生、发展与溃灭。物体一旦发生空化,就伴随着强烈的空泡噪声,空泡辐射噪声机理基本上属于脉动源(单极子)类型。

空化现象所固有的体积变化,像单极子一样辐射声音。用单极子脉动源体积加速度表示的总辐射能量表示式为

$$E_{声} = \int_0^\infty W_{声} = 4\pi r \int_0^\infty \frac{p^2(t)}{\rho_0 c_0} \mathrm{d}t = \frac{\rho_0}{4\pi c_0} \int_0^t \ddot{V}(t) \mathrm{d}t = \frac{\rho_0}{4\pi c_0} \int_{a(0)}^{a(t)} \frac{\ddot{V}^2}{\dot{a}} \mathrm{d}a \quad (5-1)$$

当然,体积是半径的函数,容易证明:

$$\ddot{V} = 4\pi(2a\dot{a}^2 + a^2\ddot{a}) \quad (5-2)$$

由此可得

$$E_{声} = \frac{4\pi\rho_0}{c_0} \int_{a(0)}^{a(t)} \frac{(2a\dot{a}^2 + a^2\ddot{a})^2}{\dot{a}} \mathrm{d}a \quad (5-3)$$

在计算该积分时,把生长和溃灭阶段分开处理。

1. 生长阶段

对于气泡在生长阶段,恒定的气泡壁速的经典结果与实际运动结果吻合较好。总辐射能量的近似结果为

$$E_{声} \cong \frac{16\pi\rho_0}{c_0} \int_0^\infty a^2\dot{a}^3 \mathrm{d}a = \frac{16\pi}{3}\left(\frac{2}{3}\right)^{\frac{2}{3}} \sqrt{\frac{P}{\rho_0 c_0^2}} P a_0^3 \quad (5-4)$$

式中:P 为气泡溃灭时压力。由此,当气泡充分扩展时,辐射能与势能之比为

$$\frac{E_{声}}{Pv_0} \cong \frac{8}{3}\sqrt{\frac{2P}{3\rho_0 c_0^2}} \quad (5-5)$$

对于所有的实际情况,式(5-5)几乎都小于1%。

2. 溃灭阶段

空化气泡的大部分声音都在溃灭阶段辐射。采用计算蒸汽-气体的气泡溃灭辐射声的方法,应用瑞利经典理论计算体积加速度和壁速度,并应用 Noltin-Neppiras 气泡振动方程的最小气泡半径的结果。利用:

$$\dot{a}^2 = \frac{2}{3}\frac{P}{\rho_0}\left(\frac{a_0^3}{a^3} - 1\right) \quad (5-6)$$

则体积加速度为

$$\ddot{V} = 4\pi\left[\frac{4}{3}\frac{P}{\rho_0}a\left(\frac{a_0^3}{a^3}-1\right)-\frac{Pa_0^3}{\rho_0 a^2}\right] = \frac{P}{\rho_0}\frac{V_0}{a^2}\times\left(1-4\left(\frac{a}{a_0}\right)^3\right) \tag{5-7}$$

由此,$\dot{V}$ 也可以表示为

$$\dot{V} = -2\pi\sqrt{\frac{2P}{3\rho_0}}\left(\frac{a_0}{a}\right)^{\frac{3}{2}}\frac{1-4\left(\frac{a}{a_0}\right)^3}{\left(1-\left(\frac{a}{a_0}\right)^3\right)^{\frac{1}{2}}}a\dot{a} \tag{5-8}$$

利用式(5-7)和式(5-8),以及式(5-1),得到:

$$\frac{E_{声}}{PV_0} = -\frac{1}{2}\sqrt{\frac{2P}{3\rho_0 c_0^2}}\int_1^{a_m/a_0}\frac{\left(1-4\left(\frac{a}{a_0}\right)^3\right)^2}{\sqrt{1-\left(\frac{a}{a_0}\right)^3}}\mathrm{d}\left(\frac{a}{a_0}\right) = -\frac{1}{6}\sqrt{\frac{2P}{3\rho_0 c_0^2}}\int_1^{a_m}\frac{1-8x+16x^2}{x\sqrt{x-x^2}}\mathrm{d}x$$

(5-9)

对于与相对气体含量低于 10% 相对应的 a_m 值,式(5-9)的积分得到:

$$\frac{E_{声}}{E_{势}} = \frac{E_{声}}{PV_0^-} \cong \frac{1}{3}\sqrt{\frac{2P}{3\rho_0 c_0^2}}\left(\frac{a_0}{a_m}\right)^{\frac{3}{2}} \cong Ma_{最大}\ (马赫数最大) \tag{5-10}$$

在计算部分充气的蒸汽气泡溃灭所辐射的总能量时,最初溃灭能量和随后的反弹能量应当相加。图 5-3 表示空泡溃灭时产生的压力脉冲。假定总辐射能量约为最初溃灭时辐射能量的 2 倍,这样,一个气泡辐射的声能比它在最大半径时的势能还要高,这在物理上是不可能的。因此,辐射声能的合理估计应当在气泡最大半径时永久性气体的压力 $Q \ll P$(气泡溃灭时压力)时,假定辐射 2/3 的能量,并且气泡中有足够的气体来缓冲溃灭并降低声辐射,则用式(5-10)给出的值加 1 倍就可以了。

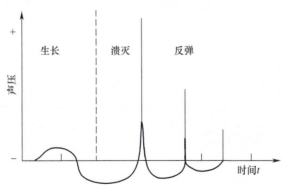

图 5-3 空泡溃灭产生的压力脉冲

3. 声压

小脉动体(单极子)噪声源声辐射的一般形式为

$$p'(r,t) = \frac{\rho_0 \ddot{V}(t')}{4\pi r} \tag{5-11}$$

根据式(5-7),它可以写成:

$$p'(t) = \frac{\rho_0 \ddot{V}\left(t - \dfrac{r}{c}\right)}{4\pi r} = \frac{P}{3\left(\dfrac{r}{a_0}\right)}\left(\frac{a_0}{a}\right)^2\left(1 - 4\left(\frac{a_0}{a}\right)^3\right) \tag{5-12}$$

由此得出正的峰值声压力为

$$p^+_{\text{最大}} = \frac{P}{3}\frac{a_0}{r}\left(\frac{a_0}{a_m}\right)^2\left(1 - 4\left(\frac{a_m}{a_0}\right)^3\right) \tag{5-13}$$

假定 $\gamma \cong 4/3$,由式(5-13)得出

$$p^+_{\text{最大}} = \frac{P}{27}\frac{a_0}{r}\left(\frac{P}{Q}\right)^2\left(1 + 6\left(\frac{Q}{P}\right) + 9\left(\frac{Q}{P}\right)^2 - 100\left(\frac{Q}{P}\right)^3\right) \tag{5-14}$$

它表明,对于一个固定的相对气体压力,最大辐射压力正比于溃灭压力和最大气泡半径的乘积。

如图 5-3 所示,在气泡生长的最后阶段和溃灭的最初阶段压力是负的。当半径减小到最大值的 60% 时,压力变成正的。当 $a = a_0$ 时,出现负的峰值,并可用表示为

$$p^-_{\text{最大}} = P\frac{a_0}{r} \tag{5-15}$$

除非 $Q < 0.2P$,正的峰值不超过负的峰值。当分气压低于 P 的 2% 时,正的声压峰值将超过负的峰值几百倍。

4. 频谱

从图 5-3 中所示的压力图形可以推断,气泡溃灭的辐射包括一个低频的、负的气泡振荡分量和一个非常尖的、正的峰值。当气体含量很高,在空泡溃灭时,低频分量是主要的;而在气体含量较低的情况下,空泡溃灭时正脉冲最重要。辐射频谱就是脉冲的傅里叶变换,其频谱在频率等于脉宽倒数的高频以前是平的,大于该频率,则以 6dB/倍频程的速率下降。

由低气体含量的溃灭气泡辐射的压力脉冲,其振幅常常足以在介质中产生非线性效应,并形成冲击波。但是,这不改变辐射的气泡能量,对观察到的辐射谱也没有重大影响。

5.1.2 空泡噪声的时频特征

1. 时域特征[2]

如 5.1.1 节所述,空泡在起始、溃灭和二次溃灭时辐射强烈声脉冲,因此空泡

噪声信号在时域上有强烈的声脉冲信号。随着空泡发展,声脉冲信号的个数和幅值都明显增加。空泡噪声可以看作是多个随机脉冲序列组成的一个声信号。如图 5-4 所示,模型无空泡、空泡起始以及空泡发展时的时域信号。

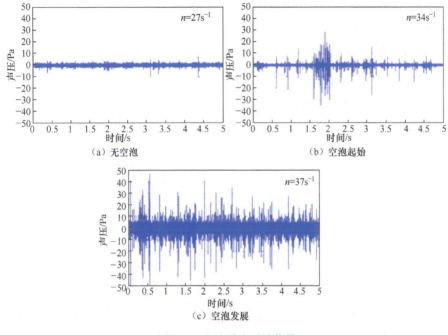

图 5-4 空泡噪声时域信号

2. 频域特征

单个气泡溃灭的脉冲性质和出现次序是随机的,所以由空泡得到的噪声频带很宽。如图 5-5 所示,在低频段谱级(约 9dB/倍频程)很快地上升到一个峰值,然后在高频段,谱级以 6dB/倍频程的速率下降。

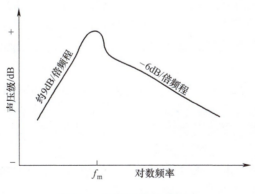

图 5-5 理想空化频谱特征

5.2 推进器空泡噪声

推进器噪声是船舶三大噪声源之一,特别当船舶中高速航行时,推进器低频噪声成为整个船舶辐射噪声中的主要分量。推进器辐射噪声可以分为无空泡噪声与空泡噪声两大类。

5.2.1 推进器无空泡噪声

推进器无空泡噪声分为无空泡低频离散谱噪声、无空泡低频连续谱噪声以及无空泡宽带中高频噪声。离散谱噪声主要是由于推进器工作在船尾的非均匀流场中,当推进器叶片周期性旋转时,会和此非均匀流场相互作用产生非定常升力脉动,从而辐射出周期性的离散谱噪声。推进器的低频连续谱噪声主要是螺旋桨工作在船尾的湍流场中,由于湍流和叶片的相互作用产生随机升力脉动,从而辐射出低频连续谱噪声。周期性力对应着离散谱噪声,而非周期性力通过傅里叶积分对应着连续谱。推进器中高频噪声的辐射源是从随边脱离的螺旋桨叶片边界层的湍流旋涡。

5.2.2 推进器空化噪声

从噪声研究的角度,推进器空化是最重要的水动力空化。根据舰船的不同用途和使命,推进器空化占有不同的地位。潜艇的隐蔽性是影响其战斗力的主要因素,因此潜艇推进器应当极力避免空化。尤其是近年来发展的安静性潜艇,在确定的安静航速下不允许螺旋桨发生空化。水面舰船的推进器由于受船舶吃水的限制,螺旋桨工作深度浅,一般很难做到在高航速条件无空化发生。无论从降噪还是减振的角度都不应使推进器产生严重的空化。因为推进器空化后船舶尾部振动大大加剧,这对于要求舒适性的现代民用船舶来说也是不希望的。至于某些负有特殊使命的高速舰船则干脆使用超空泡螺旋桨,使得水动力性能没有很大损失,而完全不顾噪声问题。推进器的空泡特性是推进器设计的重要内容。设计时要开展空泡试验进行验证。不同的推进器空泡有不同的空泡特征,下面介绍几种主要的推进器空泡噪声及其特征。

图 5-6 所示为推进器上常见的几种空泡类型,包括涡空泡、片空泡、泡空泡及云空泡。

涡空泡常见于推进器叶片梢涡、毂涡以及舵翼端面涡。针对实船推进器,叶片梢涡空泡往往最早出现。梢涡空泡有很强的噪声辐射,推迟梢涡空泡起始是推进器设计者极为关注的问题。图 5-7 为典型的螺旋桨梢涡空泡和毂涡空泡。

片空泡发生在推进器叶片、水翼、舵以及其他附体表面。在工程上可通过改进

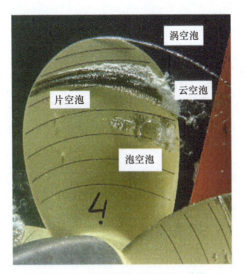

图 5-6 推进器模型典型空泡[4]

船后伴流场,选择适当的叶片数和叶片侧斜角,以及应用新型叶剖面来抑制和控制片空化的程度。片状空化起始取决于物体表面的压力分布、附面层特性,以及水中自由气核状态。

图 5-8 为螺旋桨涡空化初生及发展阶段的空泡噪声频谱曲线。梢涡空泡噪声主要体现在 500~3000Hz 频段范围,而产生了片空泡之后,则在全频段范围内噪声均有显著提升。

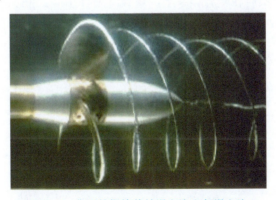

图 5-7 典型的螺旋桨梢涡空泡和毂涡空泡

5.2.3 唱音

舰船螺旋桨唱音是困扰螺旋桨设计的又一个重要问题。在某些转速(航速)

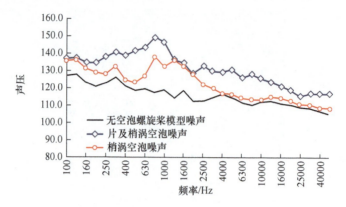

图 5-8　螺旋桨涡空化初生及发展阶段的空泡噪声频谱曲线

上螺旋桨会产生一种令船员和乘客特别烦恼的噪声,这种噪声被委婉地称为螺旋桨的唱音。

C. E. Work[3]根据唱音观测和治理的大量实践总结出激发唱音的几种可能的原因,包括:①桨叶随边周期性或准周期性涡旋的发放,类似于圆柱后缘的 Karman 涡街,它对叶片产生周期性激励力;②间隙空化;③叶片颤振;④轴承摩擦。最后证明,大多数的唱音是由原因①引起的,其余几个因素是次要原因,只有个别情况的唱音是由其余几个原因引起的。螺旋桨模型在无空泡和空泡状态下均会产生唱音现象。

图 5-9 为某船螺旋桨在空泡状态下,产生唱音时的噪声谱级。螺旋桨一旦发生唱音,水中辐射噪声在唱音频率上的谱级将增加 10~20dB,它同时引起舰船尾部的振动和令人讨厌的舱室噪声。

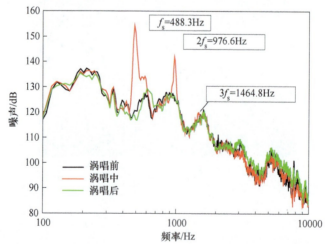

图 5-9　某船螺旋桨空泡状态下,产生唱音时的噪声谱级[6]

5.3 螺旋桨空泡噪声模型试验技术

5.3.1 螺旋桨模型空泡噪声试验方法

螺旋桨模型空泡噪声是指螺旋桨在航行工况下出现空泡现象时的噪声特性,主要针对像航速较高、航行空泡数较低的水面舰艇、鱼雷一类的船舶螺旋桨。

试验的相似参数:螺旋桨模型空泡噪声试验时,应满足几何相似、雷诺数相似、负荷相似、空泡数相似、流场相似等相似参数。

(1) 几何相似:满足模型(艇体、附体、螺旋桨)与实体的尺度成一定的比例关系,螺旋桨与艇体、附体具有等缩尺比的对应位置。

(2) 雷诺数相似:在螺旋桨模型噪声试验中,要求模型桨 0.75R 处叶切面弦长的雷诺数 $Rn_{(0.75R)}$ 超过临界雷诺数,即

$$Rn_{(0.75R)} = \frac{L_{0.75R} 0.75\pi n D}{\nu} > 3 \times 10^5 \quad (5\text{-}16)$$

(3) 负荷相似:实体与模型的负荷系数的推力系数相等,推力系数用下式表示:

$$K_T = \frac{T}{\rho n^2 D^4} \quad (5\text{-}17)$$

(4) 空泡相似:满足实体与模型的空泡数相等,即实体与模型的转速空泡数相等。转速空泡数为

$$\sigma_n = \frac{P - P_v}{0.5\rho (\pi n D_m)^2} \quad (5\text{-}18)$$

(5) 流场相似:满足实体与模型各相似点上的速度相互成一定的比例关系。对于螺旋桨噪声试验而言,要求具有相似的进流场,即伴流场相似。一般不考虑叶梢马赫数、傅汝德数和柯西数的相似关系。

试验过程中,为了检测螺旋桨模型噪声测量试验的信噪比,用假毂、光顺流帽代替推进器模型,测量与推进器模型相同噪声测试工况下推进系统的背景噪声。

5.3.2 试验设备及仪器

推进器空泡噪声模型试验设备主要有空泡水筒和大型循环水槽。

1. 空泡水筒

空泡水筒具有速度高、空泡数低等特点。可以承担各类推进器在均流或模拟伴流场(网格或假尾+网格模拟)中水动力、空泡观察、脉动压力和噪声等测量试验以及 LDV 流场测量、高速航行体空泡试验和一些特种推进器的性能试验等。

2. 大型循环水槽

大型循环水槽具有低湍流度、低背景噪声等特点,可以承担各类水面舰船、水下航行器和民用船舶的整船模型带推进器的水动力性能测量、空泡观察、脉动压力和噪声测量试验任务,是船舶推进器水动力、空泡、噪声和振动研究的重要试验设备。

推进器空泡噪声采用噪声测量系统进行测量,测量系统主要包括水听器、滤波器、测量放大器、信号分析仪、计算机等。推进器噪声测量系统如图 5-10 所示。

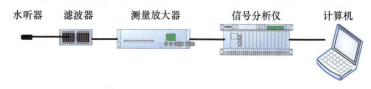

图 5-10　推进器噪声测量系统

试验中采用的主要仪器要求如下:

(1) 水听器。

水听器结构应满足耐压、耐振动、抗冲击、易安装等要求。水听器按照标准 GJB/J 3803《低频一级标准水听器检定规程》、GJB1727《中频一级标准水听器检定规程》中的规定进行校准。

电压灵敏度	≥-205.0dB(参考级:1V/μPa)
频率范围	0.02Hz~100kHz
频率响应	不均匀性在±2.0dB 以内

(2) 滤波器。

频率范围	线性:1Hz~200kHz
不确定度	≤0.5dB

(3) 测量放大器。

频率范围	线性:1Hz~100kHz
放大增益	≥40dB
不确定度	≤0.5dB

(4) 动力仪。

推力	0~1200N
扭矩	0~60N·m
推力不确定度	<0.20%
扭矩不确定度	<0.20%

(5) 数据采集系统。

测量范围	0~10V

通道数	多于2路
频率范围	5Hz~80kHz
频率响应	不均匀性在±2.0dB以内
不确定度	≤1.0dB

5.3.3 模型螺旋桨空泡噪声试验程序

螺旋桨模型空泡噪声的试验方法:测量无空泡状态下的螺旋桨水动力(推力、扭矩),根据自航试验结果确定试验工况。控制模型螺旋桨在试验要求的工况下运行,螺旋桨产生的辐射噪声通过安装在螺旋桨正下方的水听器接收,转换为电信号,经放大器放大,滤波器滤波后,多通道数据采集卡采集各水听器的噪声信号,通过噪声分析软件分析得到噪声频谱值。

螺旋桨模型空泡噪声的试验程序一般如下:

(1) 采用高强度的铝合金或铜合金模型螺旋桨,模型螺旋桨的主要几何参数的加工精度达到国际船模拖曳水池会议(ITTC)规定的相关标准。

(2) 伴流场模拟和模型安装。在空泡水筒中可以进行均流或模拟伴流场条件下的螺旋桨模型噪声测量,模拟伴流场通常采用假艇或网格来模拟。在循环水槽中进行螺旋桨模型噪声试验时,采用整船体模型模拟伴流场。根据实船的推进器数量在船体模型中安装相应个数的驱动电机、动力仪和尾轴,并且调整到和模型轴线一致。模型安装架吊到水槽工作段后,应调节安装架上的连接杆位置,使模型轴线和工作段的轴线平行。

(3) 连接并检查螺旋桨模型噪声测量的主要仪器包括水听器、放大器、滤波器、多通道数据采集卡及后续处理分析软件,确保测试仪器及仪表正常、有效。

(4) 伴流场中进行螺旋桨模型的水动力测量,按照负荷相似,确定螺旋桨模型的噪声的试验工况。

(5) 为保证试验数据的可靠,试验前应对试验用水进行除气,并尽量保持试验过程中水中的相对空气含量基本不变。空泡水筒和循环水槽中推进器模型噪声测试时的相对空气含量 $\alpha/\alpha_0 \leqslant 0.85$。

(6) 根据确定的模型桨噪声测量工况点,测量用假毂和螺旋桨帽尾代替螺旋桨进行推进系统噪声测量,其结果作为模型桨噪声测量的背景噪声。

(7) 螺旋桨模型噪声测量。按照螺旋桨模型噪声试验的相似关系,采用等空泡数方法确定模型试验的水速和压力,根据螺旋桨模型水动力特性测试结果,按等 K_T (总推力)原则,确定模型桨相应的噪声测试工况点。调节模型试验的来流水速、压力和模型螺旋桨的转速,使达到试验要求的工况,待稳定后测量螺旋桨模型的噪声。为了检查测量结果是否正常,应适当调整模型螺旋桨的转速,测量工况点前后几个状态下的噪声。通常情况下,螺旋桨模型噪声测量的频段范围为500Hz

~80kHz 内的噪声谱级及总声级、10~1200Hz 频段的低频线谱,也可按指定频段进行测量。

5.3.4 试验结果处理及表达

推进器旋转过程中,向四周辐射声波,描述声波最常用的基本物理量是声压,用 p 表示。考虑到试验测量的可行性与实际工程需要,一般情况下,对推进器噪声进行测量时,利用水听器对螺旋桨旋转产生的声压 p 进行测量。

采用噪声测量系统测量全频段噪声的时域信号或窄带谱频域信号,按照试验要求进行数据处理,获得最终的噪声表达方式,如推进器噪声频带声压级、推进器噪声的1/3 倍频程(1/3 Oct.)声压级、声压谱级、推进器噪声的宽带声压级等。

1. 推进器噪声频带声压级

在指定带宽内推进器噪声的声压级,指定带宽必须说明,推进器噪声频带声压级可用下式计算:

$$L_p = 20\lg \frac{p}{p_{\text{ref}}} \tag{5-19}$$

式中:L_p 为推进器噪声频带声压级(dB);p 为指定带宽内测得的噪声声压(Pa);p_{ref} 为参考声压,$p_{\text{ref}} = 10^{-6}$ Pa。

2. 推进器噪声的1/3 Oct. 声压级、声压谱级

以中心频率为 $f(i)$ 的 1/3 Oct. 滤波器输出的推进器噪声的声压级,可按下式计算:

$$L_{p(i)} = 20\lg \frac{p_{f(i)}}{p_0} \tag{5-20}$$

式中:$p_{f(i)}$ 为以中心频率为 $f(i)$ 的 1/3 Oct. 滤波器输出的噪声声压(Pa)。

以中心频率为 $f(i)$ 的 1/3 Oct. 滤波器输出的推进器噪声声压谱级,可按下式计算:

$$L_{p_s(i)} = L_{p(i)} - 10\lg \frac{\Delta f(i)}{\Delta f_0} \tag{5-21}$$

式中:$\Delta f(i)$ 为中心频率为 $f(i)$ 的 1/3 Oct. 滤波器的等效带宽(Hz);Δf_0 为基准带宽,$\Delta f_0 = 1$Hz。

3. 推进器噪声的宽带声压级

在指定的宽频带范围内推进器噪声声压级,可按下式计算:

$$L_p = 10\lg \left(\sum_{i=1}^{n} 10^{0.1 L_{p(i)}} \right) \tag{5-22}$$

式中:n 为指定宽带范围内 1/3 Oct. 频率的数目。

5.4 基于模型试验结果的空泡噪声性能预报

5.4.1 实船空泡噪声换算相似原理

美国科学家白金汉(E.Buckingham)提出了相似第二定理,又称 π 定理,该定理描述某一种物理现象的函数关系中包含 n 个物理量,其中有 m 个物理量的量纲是相互独立,则该现象具有 $n-m$ 个相似准则,且描述此现象的函数关系式可表达成 $n-m$ 个相似准则间的函数关系式。π 定理的建立,将相似现象和相似准则之间建立了函数关系,使定量研究成为可能。

1. 声学相似性原理[5]

若几何相似(包括声源、介质空间、边界、障碍物等)的两个系统在对应点、对应时刻的声学量成比例,则称这两个系统在声学上相似。由于声运动是连续介质运动的一种形式,因此声学相似原则上并没有提出更多的要求,如果流体介质是动力相似的,那么它必然也是声学相似的。两个相似的黏性流体运动有相同的斯特劳哈尔数(St)、傅汝德数(Fr)、欧拉数(Eu)、雷诺数(Re)和马赫数(Ma),实际上其中已包含了声学相似所要求的条件。当然这是指小振幅的声运动,此时介质的状态方程唯一由等熵条件下的声速表征。

需要指出的是,由于声学和流体力学研究的侧重点有所不同,声波是流体介质的可压缩运动,因此反映压缩性的马赫数显得特别重要,这一点可以从声波运动方程看出,为简单起见,考虑无限介质的情况,设在两个系统中分别成立方程:

$$\nabla^2 p' - \frac{1}{c_0'^2}\frac{\partial^2 p'}{\partial t'^2} = -r'(\boldsymbol{r}',t') \tag{5-23}$$

$$\nabla^2 p'' - \frac{1}{c_0''^2}\frac{\partial^2 p''}{\partial t''^2} = -r''(\boldsymbol{r}'',t'') \tag{5-24}$$

式中:上标′表示系统 1,上标″表示系统 2。若这两个系统声学相似,必有 $x_i' = C_L x_i''$,$c_0' = C_C c_0''$,$t' = C_t t''$,$p' = C_p p''$,$r' = C_r r''$,代入式(5-23)得到:

$$\frac{C_p}{C_L^2}\nabla^2 p'' - \frac{C_p}{C_C^2 C_t^2}\cdot\frac{1}{c_0''^2}\frac{\partial^2 p''}{\partial t''^2} = -C_r r'' \tag{5-25}$$

式(5-24)与式(5-23)比较,为保证相似,要求:

$$\frac{C_p}{C_L^2} = \frac{C_p}{C_C^2 C_t^2} = C_r \tag{5-26}$$

可导出两个相似条件:

$$\begin{cases} (a)\ \dfrac{C_L^2}{C_C^2 C_t^2} = 1\ \text{或}\ \dfrac{L'}{C't'} = \dfrac{L''}{C''t''} \\ (b)\ \dfrac{C_p}{C_L^2 C_r} = 1\ \text{或}\ \dfrac{p'}{L'^2 r'} = \dfrac{p''}{L''^2 r''} \end{cases} \quad (5-27)$$

式(5-27)中的条件(a)相当于马赫数相等,因为 L/t 相当于运动速度,例如振速。在绝大多数实际问题中,两种介质的声速相等 $C_C=1$,从而条件(a)又可以表示为

$$(a')\ C_L = C_t\ \text{或}\ C_v = 1 \quad (5-28)$$

声学相似性要求对应的速度相等,条件(a')在声学模型试验中经常使用。假如模型比实物缩小 m 倍,那么时间尺度也应缩小 m 倍,也即频率提高 m 倍,因为 $C_f = 1/C_t = 1/C_L$。

式(5-27)中的条件(b)反映了对声源的相似要求,如果声源是流体运动产生的,那么条件(b)自然而然还隐含有流体动力相似的要求。

2. 噪声的因次分析法

直接用来指导试验的有力工具是因次分析法或称量纲分析法,利用这个方法,我们可以在预先不知道问题的数学规律时确定保证模型和实物相似应满足的条件以及模型试验必须测定的量,建立从模型到实物的推算规律。

在相似理论的 π 定理的基础上,选择以下三个具有独立量纲的物理量来表征螺旋桨中高频噪声中涉及的各个物理量:

ρ ——介质密度;

n——螺旋桨转速;

D——螺旋桨直径。

各个物理量的无量纲形式表示为

$$\bar{p} = \dfrac{p}{\rho n^2 D^2},\ \bar{L} = \dfrac{L}{\rho^2 n^4 D^4},\ \bar{G} = \dfrac{G}{\rho^2 n^4 D^4}$$

$$\bar{f} = \dfrac{f}{n},\ \bar{r} = \dfrac{r}{D},\ \bar{V} = \dfrac{v}{nD} = J$$

$$\bar{C}_0 = \dfrac{C_0}{nD} = Ma^{-1},\ \bar{\nu} = \dfrac{\nu}{nD^2} = Re^{-1},\ \bar{E} = \dfrac{E}{\rho n^2 D^2} = Ca^{-1}$$

式中:p 为声压;f 为频率;L 为频带 Δf 的声压级;G 为声压谱级;r 为声源与测量点的距离;v 为螺旋桨来流的轴向速度;C_0 为介质中的声传播速度;ν 为运动黏性系数;$E = E_0(1+i\eta)$ 为材料的复合弹性模数,η 为损耗系数;Ma 为马赫数;Re 为雷诺数;Ca 为柯西数。

从上面各式中可以看到,除谱密度外,其他均与叶梢线速度相关,因此必须放

弃对雷诺数的限制,也即试验中使雷诺数超过临界雷诺数 3×10^5 即可。考虑到实际试验总是在相同的介质中进行,即 $\rho_F = \rho_M$,由马赫数相等可推出:

$$p_F = p_M , L_F = L_M , G_F = G_M \cdot \lambda , f_F = \frac{f_M}{\lambda}$$

$$R_F = R_M \cdot \lambda , n_F = \frac{n_M}{\lambda} , v_F = v_M , E_F = E_M$$

式中:下标 F、M 分别为实艇和实验室条件;λ 为缩尺比,$\lambda = D_F/D_M$。

5.4.2 实船空泡噪声预报方法

根据 5.4.1 节的相似原理,进一步分析,可得出如下频率 f 与声压 $\langle p^2 \rangle$ 的无量纲数:

$$f_F D_F \sqrt{\frac{\rho_F}{p_F}} = f_M D_M \sqrt{\frac{\rho_M}{p_M}} \tag{5-29}$$

$$\frac{\langle p_F^2 \rangle r_F^2}{\rho_F C_F D_F^2 P_F^{\frac{3}{2}}} = \frac{\langle p_M^2 \rangle r_M^2}{\rho_M C_M D_M^2 P_M^{\frac{3}{2}}} \tag{5-30}$$

因推进器模型与实体几何相似,并且两者均在相同介质中工作,因此密度相同,声速相同,这样可得到:

$$\frac{f_F}{f_M} = \frac{1}{\lambda} \sqrt{\frac{p_F}{p_M}} \tag{5.31}$$

$$\frac{\langle p_F^2 \rangle}{\langle p_M^2 \rangle} = \lambda^2 \left(\frac{P_F}{P_M}\right)^{\frac{3}{2}} \left(\frac{r_M}{r_F}\right)^2 \tag{5-32}$$

如果将环境压力与空泡数及来流速度联系起来,可将上述关系式改写成:

$$\frac{f_F}{f_M} = \frac{1}{\lambda} \left(\frac{v_F}{v_M}\right) \left(\frac{\sigma_F}{\sigma_M}\right)^{\frac{1}{2}} \tag{5-33}$$

$$\frac{\langle p_F^2 \rangle}{\langle p_M^2 \rangle} = \lambda^2 \left(\frac{r_M}{r_F}\right)^2 \left(\frac{v_F}{v_M}\right)^3 \left(\frac{\sigma_F}{\sigma_M}\right)^{\frac{3}{2}} \tag{5-34}$$

式(5-34)即为推进器模型试验结果与实船推进器噪声的换算关系,若以声压级表示则:

$$\frac{f_F}{f_M} = \frac{1}{\lambda} \left(\frac{v_F}{v_M}\right) \left(\frac{\sigma_F}{\sigma_M}\right)^{\frac{1}{2}} \tag{5-35}$$

$$L_F = L_M + 20\lg\lambda + 20\lg\frac{r_M}{r_F} + 30\lg\frac{v_F}{v_M} + 15\lg\frac{\sigma_F}{\sigma_M} \tag{5-36}$$

式中:下标 F、M 分别为实船和实验室条件;L_F 为实船推进器噪声声压级;L_M 为实验室条件下船舶推进器噪声声压级;λ 为缩尺比;r_F 为实船推进器噪声测量距离;r_M 为实验室条件下模型推进器噪声测量距离;v_F 为实船航速;v_M 为实验室条件下模型前方来流水速;σ_F 为实船航速空泡数;σ_M 为实验室条件下推进器模型水速空泡数。

要得到式(5-35)和式(5-36)中的 L_M,需对实验室测量得到的推进器噪声谱级 L'_M 进行信噪比修正及自由声场修正,有关信噪比修正可参考《声学手册》中相关内容。有关自由声场修正,各实验室需要结合自身实验室测试条件及外场湖试等条件下测试结果,进行分析比较获得修正结果。

5.5 推进器模型试验中影响空泡和噪声的试验因素

5.5.1 模型加工精度对空泡及噪声试验的影响

在螺旋桨模型空泡试验中,几何相似是必须满足的重要相似参数,因此,螺旋桨模型和船体模型加工精度对空泡试验的精确性将产生很大的影响。

1. 螺旋桨模型加工精度对水动力性能的影响

螺旋桨模型的加工精度中,对水动力性能的影响较为显著的几何参数是模型螺旋桨的直径和螺距。螺旋桨的推力与直径的 4 次方成正比,螺旋桨的扭矩与直径的 5 次方成正比,螺旋桨很小直径的误差将导致大的水动力性能的偏差,根据 ITTC 螺旋桨模型精度规范(7.5-01-02-02),在模型加工中应保证螺旋桨直径的加工误差应小于±0.10mm 以内;螺旋桨螺距的误差主要引起桨叶攻角的偏差,由于螺旋桨水动力对攻角非常敏感,因此根据 ITTC 规范,桨叶螺距公差应小于对应半径设计螺距的±0.5%。

2. 螺旋桨模型加工精度对空泡起始和空泡形态的影响

由于空泡产生是随机的、爆发性的,因此,螺旋桨模型某些部位的加工精度对空泡起始非常敏感,如桨叶导边和梢部形状、桨模桨叶表面粗糙程度等。在螺旋桨模型空泡起始试验中,空泡起始往往产生在桨叶导边和桨叶梢部,经常可以观测到各个桨叶空泡起始的时间、位置的不一致,空泡大小相差较大,这些差别主要源自螺旋桨模型加工中桨叶导边和梢部形状的误差。当桨叶导边或桨叶表面有孤立的凸粒时,模型空泡试验中常常会出现导边和桨叶表面的条状空泡,有时会给误导试验结果。另外,由于螺旋桨模型各桨叶梢部形状和螺距的加工偏差,在试验时各桨叶的梢涡空泡不在同一时间产生,往往可以观测到只有一个或几个桨叶出现,这样会给梢涡空泡起始的判别带来困难,所以,在螺旋桨模型加工中,桨叶导边和桨叶梢部的处理应特别地仔细,有时应由有经验丰富的工作人员加以特别处理。

3. 船舶模型加工精度对空泡起始与空泡形态的影响

对于空泡试验而言,船舶模型主要为螺旋桨提供与实船近似的伴流场,船舶模型的加工精度没有螺旋桨加工精度对空泡那么敏感,但船舶模型加工必须保证几个原则,船体水下以下部分(包括附体)必须与实船完全几何相似,且各横剖面左右对称。中国船舶科学研究中心船模加工精度企业标准为:船长方向加工误差不超过 0.1%L(总长),绝对值不超 10mm,各横剖面与给定线型误差不超过 0.5mm,特别是与桨前方的船艉部分。

4. 螺旋桨模型加工精度对噪声的影响

在螺旋桨模型试验中,噪声试验对模型加工精度的要求最高。这是因为模型加工精度对水动力、空泡的影响都会引起噪声量值的差异和噪声测量结果的稳定性。除了以上的要求以外,在噪声试验中,由于螺旋桨随边的涡流噪声是螺旋桨噪声的重要组成部分,因此,对螺旋桨模型的随边形状的加工应特别注意。尤其对于某些螺旋桨,模型唱音的产生与随边形状有很大的关系。

5.5.2 模型安装对空泡及噪声试验的影响

模型安装包括船体模型和螺旋桨模型的安装,船体模型安装主要要求螺旋桨模型的桨盘面中心位置及与船体的相对位置相似,桨轴中心线与来流无攻角、与船体中心线的平行。船舶附体的安装必须与船体的相对位置一致,确保附体与船与桨的相互作用与实型一致。在噪声试验时,模型安装中螺旋桨的轴系布置、电机与轴系的同心度、轴系与轴承的同心度以及轴承所使用的材料都可能使得背景噪声增大,从而影响螺旋桨噪声的信噪比。

5.5.3 模型试验控制参数对空泡及噪声试验的影响

在螺旋桨模型试验中,需要控制的试验参数有来流水速、模型转速、压力等,这些试验参数控制的偏差均会影响空泡试验的精确性。

1. 模型转速对空泡和噪声试验的影响

螺旋桨模型转速控制对水动力和螺旋桨脉动压力测试的影响比较大,要求螺旋桨模型转速控制精度在 0.2% 以内。

2. 来流水速对空泡试验的影响

只要来流水速控制精度在 0.5% 以内,来流水速对空泡试验的影响较小。但螺旋桨脉动压力测试时,伴流场的模拟精度对脉动压力有一定的影响,尤其要注意伴流场分布中的伴流峰值和伴流变化的斜率应达到要求的精度。

3. 试验压力对空泡和噪声试验的影响

一般说来,试验压力控制精度对螺旋桨(高超速回转体除外)空泡试验的影响较小,总体来说压力控制精度应在1%以内。

5.5.4 环境参数对空泡及噪声试验的影响

螺旋桨模型试验环境参数有大气压力、水温、气温和水的空气含量等,其中环境噪声和水的空气含量对螺旋桨模型噪声试验的影响比较明显。水的空气含量对空泡起始也有一定的影响,但超过一定的临界值,其影响逐渐减弱。

1. 大气压力、水温、气温等环境参数对空泡和噪声试验的影响

由于大气压力、气温等环境参数对空泡试验的影响较小,因此试验只要保持在常温、常压的状态。水温对空泡试验有一定的影响,因为水的饱和蒸汽压与水温有关,试验过程中如水温发生变化,将主要影响空泡数的精确性,所以,试验过程中应注意监测水温,根据实际测量温度计算饱和蒸汽压力。

2. 空气含量对空泡试验的影响

空泡起始机理的研究结果表明,试验用水中的空气含量是产生空泡的基本因素,只有水中存在气核才有可能产生空泡。同时也认为在模型的空泡试验时,水中的气核浓度和尺度应高于实体工作的水中的气核,才能保证空泡形态的相似。可是,在实际的模型试验中如水中的气核浓度和尺度过大,则随着模型试验时环境压力的降低,气核将快速膨胀而浮出水面,使试验水质变得不透明,导致无法观测空泡或空泡不稳定。目前比较一致的做法是试验水通过除气设备除去一定量的气体,以此保证空泡试验结果的相对稳定与观测设备获取相对清晰的视频资料。大量模型试验研究表明,空气含量对空泡的影响存在一个临界值,超过此临界值,空气含量对空泡形态及脉动压力的影响可忽略。综上所述,对于大型的循环水槽如德国汉堡 HYKAT、中国船舶科学研究中心 CLCC,一般水的空气含量为 $0.6 \leqslant \alpha/\alpha_s \leqslant 0.85$。对于其他类型的空泡水筒或减压水池,各实验室可结合自身实际情况根据空泡的稳定性与空泡观测的清晰度进行选择。

3. 空气含量对噪声试验的影响

水中的气体会损耗噪声传播过程中的能量,使测量结果偏低,同时引起噪声的不稳定,而噪声试验中希望水中的空气含量越低越好,但过低的空气含量又影响空泡的产生,因此在螺旋桨噪声试验时一般保持空气含量 $\alpha/\alpha_s \leqslant 0.85$。

参 考 文 献

[1] D.罗斯.水下噪声学原理[M].《水下噪声原理》翻译组,译.北京:海洋出版社,1983.
[2] 刘竹青,陈奕宏.螺旋桨空化噪声时域和频域特征研究[C].吉林:第十四届船舶水下噪声学

术讨论会,2013.
［3］ WORK C E. Singing propellers[J].J.Soc.Nav.Eng,1951,63:319-331.
［4］ KUIPER G.cavitation and cavitation erosion[R].无锡:中国船舶科学研究中心,2007.
［5］ KHORRAMI M, SINGER B A, BERKMAN M E. Time-accurate simulations and acoustic analysis of slat free-shear layer[J]. AIAA Journal, 2002, 40(7):1284-1291.
［6］ PENG X, ZHANG L. Study of tip vortex cavitation inception and vortex singing[J]. Journal of Hydrodynamics, 2019, 31(6): 1182-1189.

第 6 章 实船空化性能试验技术

在船舶研究、设计、优化和性能检验过程中,实船试验是对船舶性能验证的最终考核手段与措施,是船舶性能试验中的重要组成部分。实船空化性能试验是对船舶推进系统安全性及船舶舒适性能检测的一项重要试验内容。

实船空泡性能试验一般可以分为两大部分:①螺旋桨空化性能试验,包含螺旋桨空泡形态特性试验和螺旋桨空泡起始性能试验,以及与螺旋桨空泡相关的譬如脉动压力、噪声、振动等的测量试验;②附体空化性能试验,包含舵空泡、支架空泡、减摇鳍空泡、呆木空泡等会产生空泡部位附体的空泡特性试验。

实船空泡测量的主要目的和作用:
(1) 评估及校验设计方案性能;
(2) 验证分析工具、模型试验和预报程序;
(3) 研究引起异常噪声、振动以及剥蚀等问题的原因,获得解决问题的方法;
(4) 研究模型试验无法测量工况下的空泡特性,譬如在海洋环境下的空泡起始等。

对于商用船舶和军用舰船,螺旋桨空化性能都是船舶的重要性能之一。针对螺旋桨设计方案的评估、模型试验结果预报准确可靠性的验证、实船运行过程中产生的各类空化问题的产生原因及解决措施验证等,实船空泡观测是必不可少的;对于军用舰船螺旋桨在非设计工况下空泡起始研究,实船测量也起着很重要的作用;另外,军用舰船附体空泡在实船运行过程中经常会产生诸如剥蚀、振动、噪声等具体问题,通过实船的空泡观测或测量,往往是得到产生的问题的原因,从而快速、有效解决方案的重要途径。

6.1 实船空泡测量技术发展和历史

早在 19 世纪末期,空化使实船螺旋桨水动力性能下降已经引起了关注[1],但直到 20 世纪 50 年代初期,英国海军研究所(HASLAR)创造性地在实船上进行了螺旋桨的空泡观测试验[2]。1955 年,Weeks[3]在发表的文章中描述了实船螺旋桨空泡试验用的仪器设备,并总结在实船螺旋桨上的空泡与模型试验中得到的结论之间的关系(在实船上观测到了压力面空泡,而在模型试验中未观测到;实船螺旋桨上的梢涡空泡起始航速比模型试验预报的结果要小);同时,指出在高速航行状态下轴包套产生空泡并脱落泄出,对螺旋桨空泡形态的影响很大等结果。

1963年,第10届ITTC空泡委员会的报告[4]指出,很多研究机构通过以下四种方法进行实船空泡与模型空泡试验结果的相关性研究:①可视法,实船螺旋桨空泡区域(相机记录)与模型螺旋桨空泡形态的比较;②声学法,用声学方法探测实船螺旋桨空泡起始;③剥蚀区域比较法,实船螺旋桨空泡剥蚀区域与模型螺旋桨空泡形态的比较;④螺旋桨水动力性能影响法,空泡对实船螺旋桨水动力性能的影响。

1966年,第11届ITTC空泡委员会对以上4种方法进行了优缺点的比较,如表6-1所示。

表6-1 几种空泡测量方法比较

类型	试验方法	优 点	缺 点
可视法	利用肉眼、照相、录像等方法直接观测和记录	①可以直接观测到空泡的类型、发展状况以及空泡位置; ②可以判断空泡起始	①难以观测整个空泡发生的区域; ②对试验海域有较高要求,需要清澈水域; ③对于浅吃水高速舰船受船体周围气泡的干扰影响
声学法	用水听器测量噪声或用耳朵直接听	①可以了解舰船的噪声水平; ②可以判断空泡起始	①受背景噪声影响,有可能无法识别空泡起始; ②仅能判断第一种出现的空泡类型,无法判断其他类型空泡的起始; ③无法确定空泡起始位置及空泡发展状态
剥蚀区域比较法	评估空泡剥蚀现象与区域	直观、直接	①仅能识别具有剥蚀性的发展空泡的区域; ②不能判断产生剥蚀空泡的特性,不能判断空泡起始
螺旋桨水动力性能影响法	通过螺旋桨水动力性能的影响判断空泡	直观、直接	①不能区分空泡类型; ②不能应用到所有空泡类型,仅能判别充分发展的第二阶段空泡

第11届ITTC空泡委员会首次对英国、美国、加拿大、法国、荷兰、瑞典、德国等舰船科研机构的各种实船空泡观测试验数据进行了收集并对收集的实船数据进行了评估。研究主要集中在螺旋桨、舵、轴包套、声呐罩、球艏、艉部等不同位置的空泡;部分研究机构对空泡起始、空泡形态、空泡发展等进行了研究。文件中表明:①只有在模型试验来流条件与实船相当时,模型试验结果与实船结果才能够吻合。②对于不同的空泡类型,模型试验结果与实船结果具有不同的相关性。譬如:梢涡空泡与片空泡在实船上比模型结果起始航速低;而对于毂涡空泡,则实船比模型

起始航速高。③从获得的数据看,模型试验结果无论从形态比较还是空泡剥蚀状况比较都能够较好地预报发展空泡,同时也指出这可能是因为相关性不好的例子没有被报道。

1969年,第12届ITTC空泡委员会[5]总结了多桨高速船的空泡起始模型试验结果与实船空泡起始结果之间的相关性:①梢涡空泡的起始实船要比模型预报的起始航速低,$0.57 \leqslant v_{\text{fullscale}}/v_{\text{modelscale}} \leqslant 0.79$;②压力面空泡的起始实船要比模型预报的起始航速低,有两个例子在模型上没发现叶面空泡而在实船上发现了;③吸力面片空泡的起始实船要比模型预报的起始航速低,$0.8 \leqslant v_{\text{fullscale}}/v_{\text{modelscale}} \leqslant 1.0$。

从以上可以看出,20世纪60年代欧美国家的科研机构对实船空泡进行了一定的试验研究,并获得了相当有益的结论。由于受当时模型试验设施的限制,在对模型试验预报结果与实船测试结果进行相关分析时,获得的部分结论正确性有待提高,但早期实船空泡特性测试是具有开创性和指导性的工作。

进入20世纪70年代,随着船舶主机功率的增加以及航速的增加,特别是商船的螺旋桨空泡剥蚀成为了船东及螺旋桨设计者遇到的主要麻烦与挑战。这阶段的实船空泡试验主要集中在空泡剥蚀问题上[6-7]。由于当时的模型螺旋桨空泡试验都是在空泡水筒中进行的,采用纯网格或假艉模拟的伴流场与实船伴流场有较大的差别,模型试验往往很难预报实船螺旋桨的空泡剥蚀。这个时期进行的实船螺旋桨空泡观测研究主要是针对实船螺旋桨空泡剥蚀问题的分析以及与模型试验结果的比较;当时的研究表明,只有更为准确地模拟伴流场以及在更高的雷诺数(或局部加粗糙度激发,需要相关理论配合,但难以把控)下进行空泡试验才能正确预报实船空泡性能。因而进入20世纪80年代和90年代,欧美相继建造了大型空泡研究试验设施。例如:荷兰海洋研究所(Marine Research Institute Netherland,MARIN)的减压水池、瑞典SSPA的大型空泡水筒、德国汉堡水池的HYKAT循环水槽、法国巴黎水池的GTH循环水槽、美国泰勒水池的LCC水槽等,这些大型试验设施能够使螺旋桨模型在全附体船模后进行更高雷诺数下的空泡试验,具备了进一步提高模型试验预报正确性的基础。21世纪初,在欧盟相关机构的资助下,欧盟各研究机构、船厂、船东等进行了实船与模型剥蚀相关性的研究项目—欧盟联合空泡研究项目(EROCAV)[8]:进行了系列船的实船空泡测量,并与模型试验结果进行了相关性比较分析。

与国外相比,国内相关的研究相对滞后。在20世纪50年代和60年代期间,国内造船业尚未涉及大型远洋货轮,实船空泡造成的问题主要为高速快艇螺旋桨的剥蚀,当时国内尚未有能够进行空泡模型试验的试验设备,只能在苏联专家的指导下对剥蚀螺旋桨(主要在桨叶根部剥蚀)的剥蚀区域打孔以减轻螺旋桨的剥蚀程度;70年代,为解决系列客滚船上空泡产生的严重振动问题[9],中国船舶科学研究中心和上海交通大学联合进行了实船的振动和脉动压力测量研究,这是国内最早进行的与空泡相关的实船测量研究。为进一步研究船舶螺旋桨空泡特性,20世纪七八十年代,中国船舶科学研究中心相继建成了大型空泡水筒及减压拖曳水池,并在2000年建成了国内第一座大型空泡循环水槽。国内第一次开展实船空泡测试是中国船舶科学研究中心于2013年在一艘德国船东的3600箱集装箱船上进行的实船螺旋桨空泡观测与脉动压力测量试验,并建立了实船空泡测量试验方法[10-11]。随后为解决单臂支架、双臂支架与呆木等空泡引起的噪声、振动问题进行了一系列的实船空泡测量研究[12-13],为解决工程问题提供了有效手段。

6.2 实船空泡测量试验方法

目前进行实船空泡试验最常用的方法是直接观测(可视法)法,采用两种开孔方式形成实船空泡观测技术。①开窗法实船空泡观测技术:太阳光+高速相机记录方式或频闪光+照相记录方式[14-15]。②开孔法[8,10,14]实船空泡观测技术:太阳光+内窥镜+高速相机记录方式。开窗法是一种传统空泡观测方式,在螺旋桨或其他附体需要观测区域的上方合适的位置开取直径约为300mm的观测窗,利用有机玻璃密封,透过有机玻璃窗采用高速相机或普通相机进行空泡的观测和记录,也可用肉眼进行观测和记录。开孔法实船空泡观测技术是2000年以后发展起来的一种新型空泡观测方法,在螺旋桨或其他附体需要观测区域的上方适当的位置开设直径约为20mm的观测孔,利用内窥镜和高速相机观测与记录空泡。由于内窥镜工作时其通光量较小,因为在进行空泡观测试验时需要采用图像增强器提高图像的质量。表6-2列出了两种不同实船空泡观测方法的特点和优缺点。

表6-2 两种实船空泡观测方法比较

项目	开孔法	开窗法		
测试文案	内窥镜+太阳光	摄像机+太阳光	高速像机+太阳光	摄像机+频闪光
实船受创区域	约φ20mm孔	约φ300mm窗	约φ300mm窗	约φ300mm窗
是否需要船坞准备	否	是	是	是
对太阳光照要求	低	弱	高	不需要
图像质量	低	一般	一般	好
获取空泡动态特征	不能	不能	能	不能
获取空泡细节特征	不能	不能	不能	能
线缆是否连入主机室	否	否	否	是
同时测量脉动压力	是	增加约φ20mm孔	增加约φ20mm孔	增加约φ20mm孔
主要测量目的	问题查因	定型试验	定型试验	课题研究

实船空泡观测中能否够得到高质量空泡图像的关键之一是观测窗(孔)位置的合理布置。相机的视角受限于相机本身和观测窗的位置限制,在确定开窗位置时必须考虑所有感兴趣的空泡产生部位与区域,并考虑水折射的影响。另外,水质及船尾螺旋桨等与太阳光的相对位置也会严重影响图像质量。图6-1~图6-3为开窗法与开孔法观测设备布置示例。图6-4为实船空泡观测及脉动压力测量原理图。

图6-1 两种不同实船空泡观测方法开孔(窗)布置对比[16]

图6-2 开窗法实船空泡观测设备布置

图 6-3 开孔法实船空泡观测设备布置

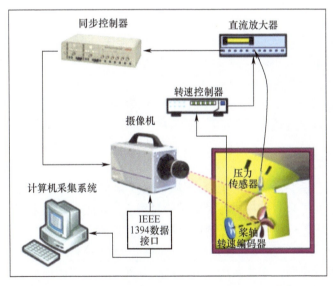

图 6-4 实船空泡观测与脉动压力测量原理图[16]

另外，Okamoto[17]将相机和光源直接安装在船体外壳，如图 6-5 所示。这种布置方式无须在船体开孔，但相机的安装、相机安装后对测量部位流场的影响以及对空泡的影响需要进行评估。

111

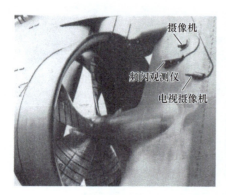 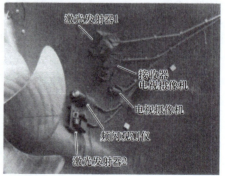

图 6-5 相机和光源直接安装在船体外壳布置示例

6.3 测量参数及试验内容

在进行实船空泡特性测量前需要记录实船特性参数,包括船体主要运行参数、主机特性参数、螺旋桨主要特性参数等;同时需要记录试验环境参数,包括测量海域、天气、海况、风级、波高吃水等;实船运行参数和试验环境参数可以直接在实船营运部门获取。进入试验状态后,在进行空泡测量时,需要同时测量实船的运行工况,包括螺旋桨转速、扭矩、功率以及实船航速;实船运行工况可以在主机控制室直接获得或进行单独测量获得。

实船空泡试验一般包括空泡特性测量,包含空泡形态特性和空泡起始特性。通常同时还进行空泡诱导引起的脉动压力测量。

6.3.1 空泡形态特性测试

空泡形态包括空泡产生的类型、区域以及变化状况。空泡形态的描述和分析方法可以参照在循环水槽中进行模型试验时对空泡形态特性的描述方法(参照第 4 章)。试验之前,需要对所关心测试对象进行画线标记,以方便在后续测试过程中,定位空泡产生的位置与区域大小。下面以某 8500 箱高速集装箱船实船空泡观测测量结果进行说明。本次实船空泡测量在韩国三星重工循环水槽实验室开展实施。试验中采用开窗法(高速摄像机)加太阳自然光方式进行测量。

如图 6-6 为某 8500 箱高速集装箱船螺旋桨桨叶表面刻度线标识示例,图 6-7 为实船螺旋桨桨叶表面空泡形态与脉动压力时域信号特征。脉动压力时域信号在一个桨叶周期内,由多峰的结构组成,这主要是六叶螺旋桨在船后运行时,多个桨叶同时存在空泡,各个桨叶均存在空泡的起始、发展与溃灭过程。各个桨叶表面空泡体积变化对船底某处诱导的脉动压力相互叠加影响所致。在桨叶表面空泡体积

(面积)达到最大时,脉动压力时域信号幅值最小。随着桨叶进入高伴流区域,桨叶表面空泡逐步减小、破碎,脉动压力时域信号达到最大。实船桨叶表面空泡形态发展与脉动压力之间关系如图 6-8 所示。

图 6-6　螺旋桨叶表面刻度线标识示例[16]

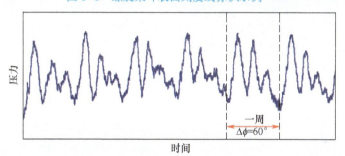

图 6-7　实船螺旋桨桨叶表面空泡形态与脉动压力时域信号特征[16]

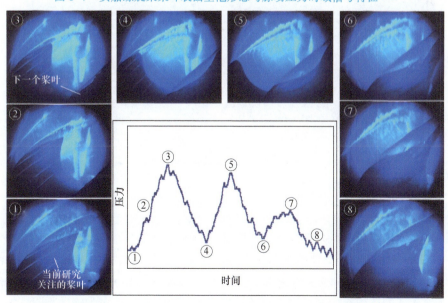

图 6-8　实船桨叶表面空泡形态发展与脉动压力之间关系[16]

113

图6-9为某3600箱集装箱船实船,采用开孔法(内窥桨+高速摄像机)+太阳自然光进行拍摄获取的螺旋桨桨叶表面空泡形态,采用开孔法进行试验时,图片质量严重依赖光照、运行海域水质及图像增强器性能。图6-9(a)为桨叶外半径区域的片空泡;图6-9(b)为桨叶片空泡以及螺旋桨下游梢涡空泡的猝发;图6-9(c)为梢涡空泡在舵区域的猝爆。

在实船运行过程中,舵空泡或其他附体空泡(如支架等)的空泡也由于经常引起剥蚀、严重噪声或振动被船东关注,如图6-10所示。

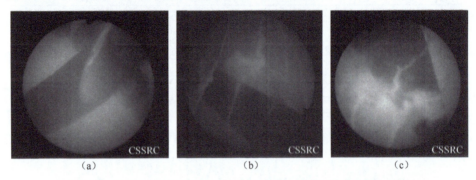

图6-9 开孔法+太阳自然光进行拍摄获取的螺旋桨桨叶空泡示意图

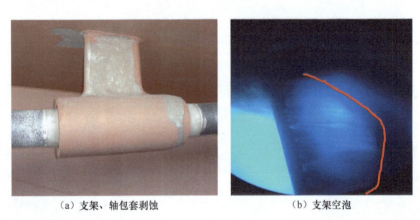

(a)支架、轴包套剥蚀　　　　　　(b)支架空泡

图6-10 支架空泡剥蚀及空泡示意图

6.3.2 空泡起始测试

虽然商用船舶无论是螺旋桨还是附体其空泡起始特性的关注度都较低,但军用舰船,空泡的起始会使舰船辐射噪声急剧增加,空泡起始航速关系到舰船的作战隐蔽性能。目前比较可靠的方法是采用直接空泡观测的方法,不仅可以测量空泡起始航速还能得到起始的空泡类型;同时,采用噪声测量方法作为辅助判断。如前

所述,噪声测量仅可以判断第一种起始的空泡,但不能判断空泡起始的类型。

进行实船空泡起始测量的时候,逐步增加螺旋桨转速使空泡产生并充分发展,然后逐步降低转速,观测空泡的消失,记录空泡消失时的转速和航速,同时记录螺旋桨的扭矩和功率,记录结果用于分析实船各空泡类型的起始。在进行空泡起始试验时,由于实船试验时转速不能无级调整控制,因此在试验前需要与舰船控制人员充分沟通了解实船转速控制的限制。

图 6-11 为英国纽卡斯尔大学的皇家公主号[18]试验双体船进行空泡起始过程中的试验照片,此船运行最低转速为 600r/min,其梢涡空泡起始转速在 650~700r/min 之间。随着主机转速的增加,桨叶表面空泡越来越严重。

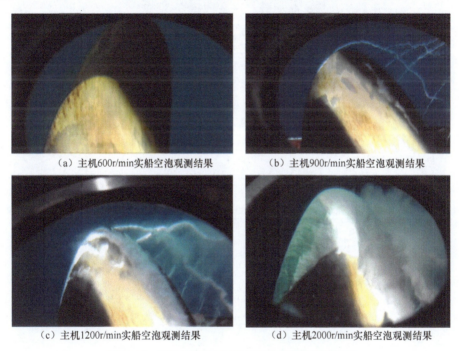

(a) 主机600r/min实船空泡观测结果　　(b) 主机900r/min实船空泡观测结果

(c) 主机1200r/min实船空泡观测结果　　(d) 主机2000r/min实船空泡观测结果

图 6-11　双体试验船不同转速桨叶表面空泡形态

6.3.3　空泡诱导船体脉动压力测试

在进行实船空泡特性测量试验时,通常进行螺旋桨诱导的船体脉动压力测量以与空泡特性进行比较分析,同时也用于进行实船-模型试验结果的相关性分析研究。

在螺旋桨盘面、桨轴上方位置安装脉动压力测量传感器,测量孔位置基本在桨上方($1.0D$,$1.0D$)的区间内(D为螺旋桨直径),如有模型试验结果,实船传感器布置的位置与模型试验时传感器布置的位置相同,便于进行比较。图 6-12 为实船脉动压力传感器安装示意图。

图 6-12　实船脉动压力传感器安装示意图

测量获得的脉动压力时域信号通过快速傅里叶变换（FFT）分析得到频域信号，如图 6-13 所示。通过标定的传感器系数获得叶频、倍叶频等频率下的脉动压力物理量值。

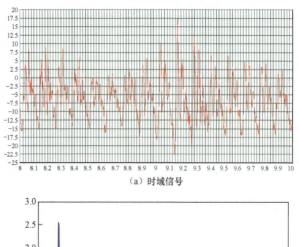

（a）时域信号

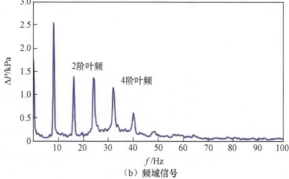

（b）频域信号

图 6-13　实船脉动压力信号示意图

如有需要,进行空泡观测、脉动压力测量试验的同时可以进行振动、舱室噪声或辐射噪声等与空泡有关特性的测量。

实船空泡性能测量是一个复杂的系统工程,成功获取实船空泡性能需要从船艉结构布置形式、船舶运行参数、试验海域条件、试验测试设备性能及适用范围、试验测量与分析方法、数据保存与读取便捷性等全方位进行考虑。

参考文献

[1] CARLTON J.Marine Propellers and Propulsion[M].Amsterdam:Elsevier,2007.

[2] BINDEL S.Comparison between model and ship cavitation , an asseeemnet of available data[R].Tokoy,Japan:11th ITTC cavitation committee,1966.

[3] WEEKS A F.Ship Propeller Cavitation Problems:Cavitation in Hydrodynamic[C].US:Proceding of a Symposium at the NPL,1955.

[4] BRARD A R.Comparison of cavitation effects on ship and model propellers[R].Teddington,UK:10th ITTC cavitation committee,1963.

[5] BINDEL S.Comparison between model and ship cavitation , an updating of the survey prepared for the 11th ITTC[R].Rome,Italy:12th ITTC cavitation committee,1969.

[6] EMERSON A.Cavitation erosion,model-ship compariso[R].Berlin/Hamburg,Germany:13th ITTC cavitation committee,1972.

[7] EMERSON A.Cavitation patterns and erosion,model-ship comparison[R].Ottawa,Canada:14th ITTC cavitation committe,1975.

[8] BARK G,BERCHICHE N,GREKULA M.Application of principles for observation and analysis of eroding cavitation- the EROCAV observation handbook[M].Goteborg:Chalmers University of Technology,2004.

[9] 何友声,王国强.螺旋桨激振力[M].上海:上海交通大学出版社,1987.

[10] 陆芳,陆林章.实船螺旋桨空泡观测[C].青岛:第13届全国水动力学会议,2014.

[11] 陆芳,陆林章.螺旋桨空泡与脉动压力、振动特性研究[J].船舶力学,2019,23(11):1294-1299.

[12] 李亮.实船轴支架空泡观测技术研究[C].吉林:第14届全国水动力学会议,2017.

[13] 吕江.轴支架空化性能优化研究[C].吉林:第14届全国水动力学会议,2017.

[14] CARLTON J S, FITZSIMMONS P A.Cavitation: Some FULL SCALE EXPERIENCE OF COMPLEX STRUCTURES AND METHODS OF ANALYSIS AND OBSERVATION[C].Canada:27 th ATTC,2004.

[15] ISO/DIS 22098,Ships and marine technology — Full-scale test method for propeller cavitation observation and hull pressure measurement[S].[s.l]:ISO,2019.

[16] HOSHINO1 T,JUNG J.Full scale cavitation observations and pressure fluctuation measurements by high-speed camera system and correlation with model test[C].Okayama, Japan: IPS'

10,2010.
[17] OKAMOTO H,OKADA K.Full scale caviation observation on tankers fitted with ducted propeller [C].Wageningen,Neterland:Symposium on high powered propulsion of large ships,1974.
[18] TURKMEN S,AKTAS B,ATLAR M,et al.On-board measurement techniques to quantify underwater radiated noise level[J].Ocean Engineering,2017,130:166-175.

第7章 空泡引起实船问题及解决措施

对于舰船而言,空泡是不可避免的问题,空化性能的好坏,与其多方面性能直接相关。一旦出现异常空泡,可能产生水动力性能下降、船舶尾部局部振动超标、空泡剥蚀损坏以及噪声超标等一系列问题。对于高速快艇螺旋桨而言,当桨叶表面空泡充分发展,处在第二阶段空化时,螺旋桨水动力才有可能下降。对于一般低速船舶而言,几乎不存在此类问题,只有少数高速快艇在临近超空泡时无法满足设计最大航速时才会出现水动力性能下降问题,此种情况可能是螺旋桨设计问题,也可能是螺旋桨受前方支架空化影响螺旋桨水动力,必须重新设计螺旋桨。下面主要介绍空泡引起的振动噪声及剥蚀问题。当振动超标时,噪声也不低,在改善空泡与振动后,噪声也明显降低。

7.1 空泡引起的船艇局部振动问题及解决措施

7.1.1 空泡引起振动问题与后果

当船舶存在局部振动超标时,螺旋桨表面空泡特征多为以下两种情况:一是桨叶表面存在较厚重的不稳定的片空泡,且有部分片空泡卷入梢涡空泡,出现较强烈的空泡碎发现象,在脉动压力时域信号上有较强烈的周期性针状脉冲峰,如图7-1所示;二是桨叶表面空泡直接与船体相连,形成连体涡空泡,此种空泡在脉动压力时域信号上有异常高的压力脉冲峰,会引起船体强烈振动,如图7-2所示。

船舶局部振动超标,将直接导致不满足规范要求,无法正常交船。对于民用船舶而言,其导致存在安全隐患,影响船员工作及旅客身心健康;对于军用舰船而言,则严重影响其生命力与战斗力。如果振动超出规范过多,还容易造成构件振裂,造成破坏性事故。如果振动问题不解决,它将是一项持续的破坏源,可能造成更为严重的安全事故。

7.1.2 空泡引起的船艇局部振动风险衡准与判断

船舶振动问题主要以船艇局部振动为主,引起此类振动问题多由船舶螺旋桨空化所致。还有部分船舶局部振动超标也可能是支架等附体空化所致。总的来

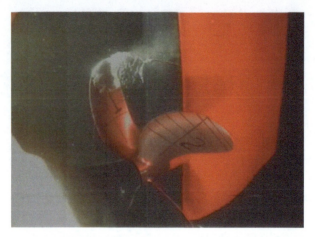

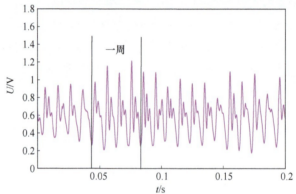

图 7-1　厚重碎发性片空泡及脉动压力时域信号特征

讲，船舶振动问题多数与空泡相互关联，而对于那些由于结构引起的整船振动问题不在本书讨论范畴。本书主要讨论由于螺旋桨桨叶空泡特性引起的船艉局部振动问题的风险预报与评估。

船艉振动由两方面因素决定：一是振动源的大小，如脉动压力的大小；二是船舶局部结构强度的强弱。对于按照船舶建造规范建造的船舶而言，船舶结构强度满足相应规范要求。因此本章进一步聚焦于振动源——船舶空泡诱导的脉动压力过高而引起的船艉局部振动超标问题。

船舶螺旋桨空泡诱导的脉动压力与船艉振级水平密切相关，而船舶振动源的脉动压力经常以其叶频分量幅值来表征。对于单桨推进器的三大主力船舶而言，满足船舶营运水平脉动压力幅值界限，目前还没有统一定论。全世界相当数量实验室均有自己的衡准基数，且这些基准值均是从模型试验结果按无量纲系数预报到实船脉动压力幅值。当前最为简洁的评估脉动压力幅值是否超标建议值如表 7-1 所示。

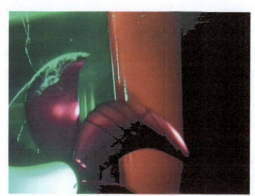

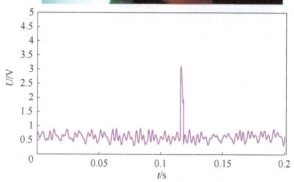

图 7-2 连体涡空泡及脉动压力时域信号特征[1]

表 7-1 各科研机构发布的船舶允许脉动压力最大幅值

最大允许叶频压力幅值/kPa	适用船型	建议者	所属单位
9	—	休斯	挪威流体动力学研究室
4~8 2.5~4	商船 军船	梵听道尔夫	德国汉堡水池
10	—	冈本洋	川崎重工
6 8	方尾 常规尾型	维尔士	英国劳氏船级社
8	—	雷司塔德	挪威船级社
4 12	方尾 常规尾型	沃尔西	法国船级社
8(一阶) 5(二阶) 3~4	商船 军船	黄红波	中国船舶科学研究中心 循环水槽实验室

表7-1只是从脉动压力最大幅值来考虑船舶艉部局部振动超标的一般情况，随着船舶与推进器设计水平的进步与发展，在当前实际应用中，存在很多不相符的案例。如图7-3所示，A船模型预报的实船脉动压力幅值较大，实船正常。B、C船模预报脉动压力与A船相当，但实船船艉存在较强局部振动问题。图中 I_H 为船桨相互影响强度，在后面章节详细介绍。

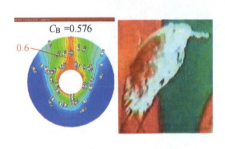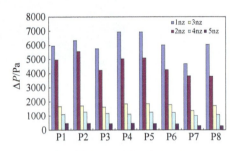

(a) A船厚重不稳定的片空泡，1nz=7kPa，2nz=5.5kPa，I_H=2.12，实船正常

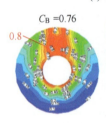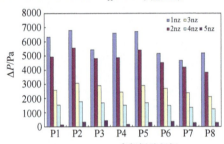

(b) B船厚重不稳定的片空泡，1nz=6.5kPa，2nz=5.5kPa，I_H=3.36，实船振动超标

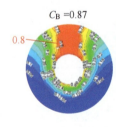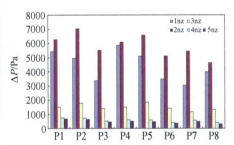

(c) C船连体涡空泡 1nz=5.5kPa，2nz=6.8kPa，I_H=4.54，实船振动超标

图7-3 不同船舶脉动压力幅值与实船振动超标问题比较

从上述案例表明，仅从脉动压力最大幅值衡准船舶是否振动超标，存在一定的局限性，需要从更多的角度或多参数联合应用与判断船舶振动风险更为合适。脉动压力由空泡溃灭而产生，而空泡又与船尾伴流场密切相关，因此从伴流场入手，再评估脉动压力幅值，并考虑船桨相互影响的综合因素衡准船舶是否存在振动超标风险，更为先进与合理。

1. 伴流场优劣的快速判断

空泡诱导的船体脉动压力,与空泡形态、体积变化率以及运动状态直接相关,因此脉动压力各阶叶频幅值的大小与空泡特征相关联,而空泡特征除与运行状态相关,更为核心的还是与船尾伴流场相关联,有关伴流好坏的评价以往主要依据英国船舶研究协会(BSRA)提出的5条原则:

(1) 在螺旋桨盘面的处 $\theta_B = 10+360°/Z$(Z 为桨叶数)及 $0.4R \sim 1.15R$ 区域内测得的最大伴流系数应满足 $w_{max}<0.75$ 和 $w_{max}<C_B$(方形系数)中的小者;

(2) 最大可接受伴流峰值与 $0.7R$ 半径上的伴流分数周向平均值满足关系式:$w_{max}<1.7\overline{w}_{0.7R}$;

(3) 伴流峰宽度不应小于 θ_B,一般可用 $1.0R$ 处的伴流周向伴流分布代表;

(4) 螺旋桨叶梢空泡数 $\sigma_n = \dfrac{P_a - P_v + \rho g H}{0.5\rho(\pi n D)^2}$ 及特征半径(常取 $1.0R$)上的无因次伴流梯度落在伴流不均匀性衡准图的可接受区;

(5) 对于空泡敏感区,即 θ_B 角度区间 $0.7R \sim 1.15R$ 范围内轴向伴流的局部梯度应小于 1.0,即 $\dfrac{1}{r/R}\left|\dfrac{dw/d\theta}{1-w}\right|<1.0$。

上述伴流判断的5条原则服务船舶领域几十年,为船舶空泡性能的评估做出重要贡献。当前,由于船舶线型优化技术的提升及对船舶效率更为苛刻的要求与追求,上述5条原则对现阶段船舶伴流的评估适应性降低。

中国船舶科学研究中心循环水槽实验室根据大量试验数据统计与分析,发展出了一种快速评价伴流优劣的方法[27]。评价伴流场的好坏,最为核心问题是评价伴流场的幅值与梯度。

首先将典型伴流分类,对于常规的U形尾船舶,其轴向伴流分布除12点存在峰值外,左右两侧存在舭部涡形成峰值,因此U形船舶伴流分布呈现多峰结构。对于V形尾,其伴流峰主要集中于12点附近形成单峰伴流结构。

对于低速船舶($v_s \leq 22$kn),在12点钟 $\pm 60°$ 区域,$0.5R \sim 1.2R$ 范围内多峰轴向伴流等值线的最大值 $w_{max-iso}$(iso 表示等值线,等值线间隔取 $\Delta w = 0.05$)评判如下:

(1) $w_{max-iso} < (C_B - 0.20)$ 时,伴流品质较好;

(2) $w_{max-iso} \in [C_B - (0.1 \sim 0.20)]$ 时,伴流品质一般;

(3) $w_{max-iso} > (C_B - 0.1)$ 时,伴流品质较差;

(4) 由舭部涡形成的最大伴流幅值等值线 $w_{bilge} < w_{max-iso}$,且 w_{bilge}(w_{bilge} 是指舭部区域产生的伴流等值线)最大幅值等值线不超过 $0.7R$,在此范围内伴流品质较好,超出此范围伴流品质相对较差;

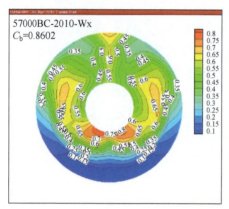 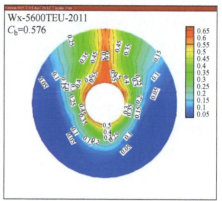

图 7-4 典型的 U 形、V 形船艉轴向伴流分布云图

(5) 伴流峰宽度不小于 360°/Z,满足此要求表明伴流变化梯度较小、较缓、品质较好,不满足此要求表明伴流变化梯度较大,伴流品质相对较差。

对于高速船舶(v_s>22kn),在 12 点钟 ±60°区域,0.5R~1.2R 范围内单峰轴向伴流等值线的最大值 $w_{\max-\text{iso}}$($\Delta w = 0.05$)评判如下:

(1) $w_{\max-\text{iso}}$<(C_B-0.15)时,伴流品质较好;

(2) $w_{\max-\text{iso}} \in [\,C_B-(0.05-0.15)\,]$时,伴流品质一般;

(3) $w_{\max-\text{iso}}$>(C_B-0.05)时,伴流品质较差;

(4) 伴流峰宽度不小于 360°/Z,满足此要求表明伴流变化梯度较小、较缓、品质较好,不满足此要求表明伴流变化梯度较大,伴流品质相对较差。

2. 脉动压力幅值的快速预报[27]

螺旋桨空泡诱导的脉动压力预报方法有理论计算预报、经验公式预报及模型试验预报。采用经验公式最为方便快捷,理论计算预报信息量丰富,模型试验预报多为最终方案验证与考核或多方案优选。

在理论计算方面,预报空泡诱导的船体表面脉动压力,首先必须正确求解螺旋桨桨叶表面空泡面积大小、厚度以及空泡体积变化率;然后求解螺旋桨空泡溃灭过程中对船体表面的脉动压力时,对船体划分面元,考虑船体各个面元之间的影响,通过方程组联立才能求解船体各个面元上的速度势,再根据伯努利方程求解出脉动压力大小,或直接采用黏流计算流体动力学(CFD)对整船及螺旋桨建模,利用 NS 方程与空泡模型计算获取船底表面脉动压力大小。因此预报脉动压力,首先必须对桨叶表面空泡状态较准确地模拟。

对螺旋桨空泡理论计算大规模联合研究有 2008 年欧盟组织的均流下螺旋桨空泡数值仿真专题讨论会,2011 年 SMP11 再次组织的均流下螺旋桨空泡数值仿真专题讨论会(图 7-5),以及 2015 年 SMP15 首次组织的非均流下螺旋桨空泡数值仿真研究专题讨论会(图7-6)。从各家提供的结果看,计算结果之间存在一定差别,与试验结果相比,大部分仿真结果定性地预报了片空泡面积,但未能获取涡空泡及片空泡的动态特征,这充分说明了非均匀流下螺旋桨空泡数值模拟技术远未成熟,船后螺旋桨空泡数据预报就更加困难。近几年也有大量采用黏流CFD模拟仿真整船带螺旋桨的空泡与脉动压力计算,对于片空泡面积的模拟相对较准确,对于片空泡的动态变化及涡空泡模拟还存在较大差距。因此,通过理论计算桨叶空泡诱导的脉动压力达到工程快速评估还需要进一步发展与研究。

全附体船舶模型空泡试验预报实船脉动压力较为准确,并与实船测量的脉动压力幅值相关性较好,是当今最为常用与规范的做法。全世界各实验室结合ITTC规范和自身情况有成熟的方法,前面有详细介绍,此处不再说明。

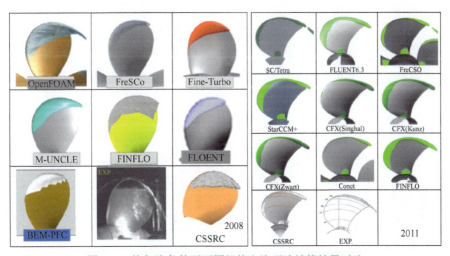

图 7-5　均匀流条件下不同机构空泡理论计算结果对比

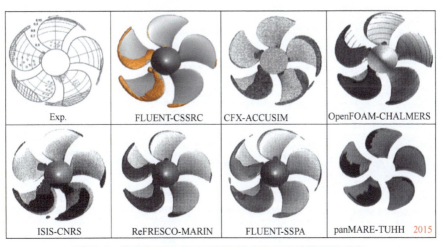

图 7-6　非均匀流条件下不同机构空泡理论计算结果对比

脉动压力经验公式预报目前主要有中国船级社 CB/Z 方法、约翰逊(Johnsson)方法、莱纳尔斯(Leenaars)、福布斯(Forbes)方法、巴巴也夫公式、沃勒斯(Vorus)方法、日本谷口中一高桥肇方法、藤野方法、O. M. 帕利方法、挪威船级社(DNV)推荐方法及霍尔腾(Holden)方法等,在此不详细介绍。中国船舶科学研究中心循环水槽实验室以当代船舶试验结果为数据库,形成了螺旋桨主参数与中值水平的比值为特征变量的最大脉动压力新型预报公式,能较好地预报脉动压力最大幅值,此方法为广大科研工作者提供了一种新的思路与方式。

为获得满足工程估算需要的脉动压力评估水平,大型循环水槽基于 100 余条民用单桨船模型螺旋桨在压载工况下空泡形态及其诱导的最大脉动压力试验数据,并根据空泡形态在船后变化的特点及实验室经验,提取主要影响脉动压力的特征参数,如船型、螺旋桨收到功率、梢隙比、螺旋桨盘面比、侧斜角、转速等,形成快速预报脉动压力的经验公式,是目前较为合适且简便易行的方法。

根据民船螺旋桨空泡脉动压力试验,基于中值水平特征参数选取原则,结合空泡试验过程中,各特征参数影响脉动压力大小的权重进行合理选取,最终形成如下脉动压力预报公式:

$$\Delta P_0 = k \cdot a_0 \cdot P_{DB} \cdot \left(\frac{b_0}{t/D}\right)^{m_0} \cdot \left(\frac{c_0}{A_e/A_0}\right)^{n_0} \cdot \left(\frac{d_0}{\theta}\right)^{p_0} \cdot \left(\frac{e_0}{N_S}\right)^{q_0} (\text{kPa})$$

式中:k 为船型分类常数,油船散货船等低速船($v \leqslant 22\text{kn}$),$k=1$,集装箱和 LNG 船等高速船($v>22\text{kn}$),$k=0.75$,当前有些低速集装箱船可归为低速船一类,$k=1$;a_0、b_0、c_0、d_0、e_0 为参考常数;m_0、n_0、p_0、q_0 为基于空泡物理现象特征及理论研究有关的相关因子;P_{DB} 为螺旋桨收到功率(MW);t/D 为螺旋桨桨叶梢隙比;A_e/A_0 为螺旋桨盘面比;θ 为螺旋桨侧斜角(°);N_S 为螺旋桨转速(r/min)。

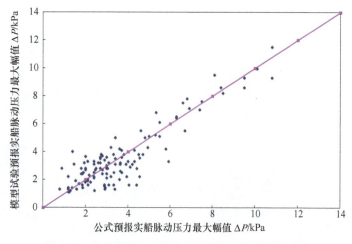

图 7-7 公式预报与全附体模试验脉动压力预报对比

螺旋桨空泡状态决定脉动压力大小,空泡状态又与桨前方船舶伴流场密切相关。上述公式中,需加入伴流场的修正更为准确。

针对循环水槽进行空泡脉动压力试验的船舶,基于已有船模伴流数据,并分析部分预报偏差较大船舶船后轴向伴流分布,如图 7-8 所示,可得如下结论。

(1) 对于中低速油船散货船:云图分布中伴流分布 $w_{\max-\mathrm{iso}}$ 等值线与 $C_B-(0.15\sim0.2)$ 相当,可以不考虑伴流影响,当伴流分布 $w_{\max-\mathrm{iso}}<(C_B-0.20)$ 或 $w_{\max-\mathrm{iso}}>(C_B\sim0.1)$ 需考虑,并修正。

(2) 对于高速集装箱船:云图分布中伴流分布 $w_{\max-\mathrm{iso}}$ 等值线与 $C_B-(0.1\sim0.15)$ 相当,可以不考虑伴流影响,当伴流分布 $w_{\max-\mathrm{iso}}<(C_B-0.20)$ 或 $w_{\max-\mathrm{iso}}>(C_B\sim0.05)$ 需考虑,并修正。

轴向伴流对新型脉动压力预报公式按下式进行,其中 λ 为常数,修正后结果如图 7-8 所示。

$$\Delta P_S = \Delta P_0 \left(w_{\max-\mathrm{iso}}/(C_B-\lambda) \right)^2$$

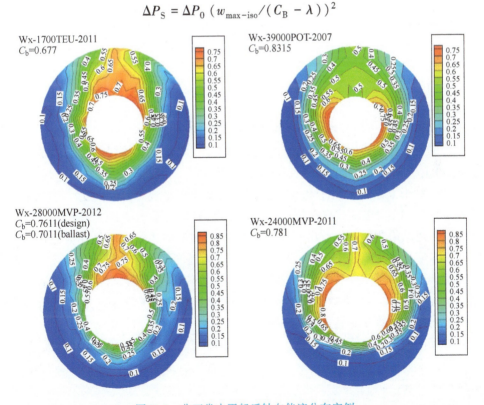

图 7-8 非正常水平船后轴向伴流分布实例

为证实本书中预报空泡诱导脉动压力的有效性,针对几个船型作为对比对象,分别采用本书公式及 Holden 公式预报,压载吃水状态其最大脉动压力结果如

表7-2所示。表中结果表明,利用本书预报公式与试验结果预报值误差在15%以内的可信度达85%。而使用Holden方法误差较大,其主要原因是当代船型的变化及螺旋桨设计技术改进,本书公式是以当代技术设计的螺旋桨为蓝本,且以螺旋桨主参数的中值水平为特征参数,天然考虑了技术发展水平带来的影响,因此其预报精度要高得多。

表7-2 不同预报方法与试验测量值比较

船型	P_{DB}/MW	螺旋桨设计单位	Holden方法 ΔP/kPa	CSSRC方法 ΔP/kPa	试验预报值 ΔP/kPa
57000 BC	7.1	A	4.8	2.8	2.7(CLCC)
57000 BC	7.1	B(国外)	4.6	2.7	2.8(CLCC)
2038TEU	12.55	A	10.4	5.5	5.1(CLCC)
2750TEU	10.3	A	9.1	5.1	5.2(CLCC)
2300TEU	11.85	A-1	9.6	8.0	7.5(HYKAT)
2300TEU	11.85	A-2	7.9	4.8	4.2(HYKAT)

注:HYKAT表示德国汉堡循环水槽开展的空泡试验预报结果。

前面已列出的脉动压力叶频幅值界限是使用最为广泛与简易的衡准原则,但随着国际海事组织(IMO)(2014年噪声指南)对于未来船舶能效设计指数(EEDI)要求的增加,明确指出低噪声较安静商船具备的特点是:

(1)对于方形系数小于0.65的船舶,在设计吃水状态脉动压力为3kPa(一阶)、2kPa(二阶);在压载吃水状态脉动压力为4kPa(一阶)、3kPa(二阶)。

(2)对于方形系数大于0.65的船舶,在设计吃水状态脉动压力为5kPa(一阶)、3kPa(二阶);在压载吃水状态脉动压力为6kPa(一阶)、4kPa(二阶)。

从上述结果我们可以看出一些端倪,再结合实船出现的船艉局部振动超标问题时所对应的频率多集中在15~35Hz之间,多为螺旋桨2阶、3阶的叶频频率脉动压力影响所致。基于此,在预判脉动压力是否引起船艉局部振动问题时,必须关注高阶量,基于大量实验室数据与部分实船振动超标案例反馈信息,中国船舶科学研究中心提出了一般船舶脉动压力界限值。

为进一步从界限值情况评估船艉局部振动风险,中国船舶科学研究中心循环槽试验基于100余艘船舶压载状态统计数据,并结合脉动压力界限值辅助船舶艉部振动风险评估。

船体艉部下表面脉动力大小与桨叶上空泡特征及船桨梢隙比最为密切,而空泡诱导的前二阶脉动压力幅值更易受片空泡体积脉动率的影响。而对于螺旋桨桨叶表面片空泡体积的表征以负荷系数表示最为贴切。因此循环水槽实验室基于实验室经验形成了基于船桨相互影响强度的振动风险因子公式:

$$I_H = \frac{C_T}{\dfrac{t}{D}} = \frac{8K_T}{\pi \cdot J_S^2 \cdot \dfrac{t}{D}}$$

式中：I_H 为船桨相互影响强度；C_T 为螺旋桨负荷系数；K_T 为螺旋桨推力系数；J_S 为拖曳水池中预报的实船进速系数；t/D 为梢隙比，其中 t 为桨叶梢到船底上方垂直距离，D 为螺旋桨直径。

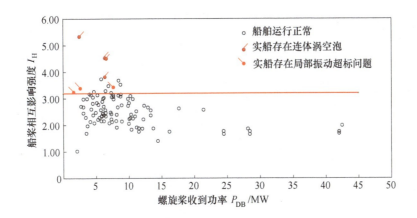

图 7-9 基于统计的船艉振动风险与 I_H 之间关系（压载吃水状态）

从图 7-9 中很清晰地看出有以下特点：

（1）当存在船艉局部振动问题时，$I_H \geqslant 3.2$；

（2）当 $I_H \geqslant 4.5$ 时，产生连体涡空泡（PHVC）风险骤增；

（3）部分船舶 $I_H \geqslant 3.2$，但运行正常，后分析其结果，发现此类船舶艉部伴流幅值与分布明显好于同类型正常船舶，且其最大轴向伴流 $w_{\text{max-iso}} \leqslant 0.8C_B$，伴流峰宽度不小于 $360°/Z$（Z 为桨叶数）角度范围。

综上所述：对于民用单桨海船在压载吃水状态（小型渔船不在此列），中国船舶科学研究中心形成的船舶尾部振动超标风险预报与评估可参考以下几个评判原则：

（1）对于同类型船舶中值水平的伴流场分布，当 $I_H \geqslant 3.2$，且一阶脉动压力幅值不小于 6kPa，二阶脉动压力幅值不小于 5kPa 时，船艉存在局部振动风险较大；

（2）对于一些超出同类型船舶中值水平的伴流场分布，当 $I_H \geqslant 4.5$ 时，产生连体涡空泡风险较大；

（3）对于船艉伴流，当其明显好于同类型船舶中值水平（如 $w_{\text{max-iso}} \leqslant$

$0.8C_B$),且伴流峰宽度不小于 $360°/Z$ 范围时,I_H 数据可适当提高 10% 左右。

7.1.3 空泡引起的船艉局部振动问题解决措施

1. 脉动压力的本质

船舶螺旋桨空泡试验表明,空泡是周期性的非定常行为,而且空泡的不稳定性实际上是空化流动的固有性质。

考虑一个固定在流道内部的一维水翼模型,如图 7-10 所示。假设在水翼吸力面存在一个体积为 V_c 的空泡,入口体积流量 Q_{in} 与出口压力 P_{out} 为常数,则由连续性方程可知:

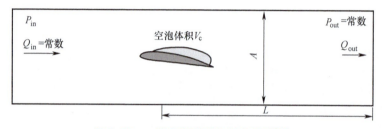

图 7-10 一维流动模型分析示意图[21]

$$Q' = Q_{out} - Q_{in} = \frac{dV_c}{dt} \tag{7-1}$$

式中:Q_{out} 为出口的体积流量;Q' 为出口平面体积流量的脉动量,在一维简化流动模型中,流域内各个断面的流动参数可以认为是相同的,则整个流域内的流动可以用一根流线上的流动参数进行描述,即为一维流动。将该模型引入绕水翼空化流动,根据动量守恒有

$$P - P_{out} = \rho_l \frac{L}{A} \frac{dQ'}{dt} \tag{7-2}$$

$$Q' = \frac{dV_c}{dt} = \frac{dV_c}{dP} \frac{dP}{dt} = \rho_l C \frac{L}{A} \frac{d^2 Q'}{dt^2} \tag{7-3}$$

$$\frac{d^2 Q'}{dt^2} + \frac{A}{\rho_l CL} Q' = 0 \tag{7-4}$$

式中:C 为空化阻抗系数,$C = \frac{dV_C}{dP}$。

式(7-4)二阶偏微分方程的解的类型取决于 C 的正负。当 $C>0$ 时,该式 Q' 的解会出现周期性的振荡,其频率为

$$\omega = \sqrt{\frac{A}{\rho_l CL}} \tag{7-5}$$

当 $C<0$ 时,式(7-4)二阶偏微分方程的解析解会呈现指数型的增长,这与实验观测是不符的。事实上,对于空化流动而言,C 一般均为正值。这表明对于空化流而言,其本身存在不稳定性。

$$P = P_{\text{out}} + \rho_l \frac{L}{A} \frac{\text{d}^2 Q'}{\text{d}t^2} \tag{7-6}$$

根据式(7-2)与式(7-3),空化流动中的低频压力脉动与空化体积对时间的二阶导数成正比,揭示了空化流动中低频压力脉动的产生根源。式(7-6)表明工程上控制空泡诱导的脉动压力,只需要控制空泡体积对时间的二阶导数,并不需要控制无空泡流动。因此增强空泡的稳定性是减小空泡诱导的脉动压力的有效手段,而改善螺旋桨前方的进流场,有利于提升空泡的稳定性。

2. 伴流对空泡的显著影响

空泡引起的船艉局振动,多是由桨叶表面空泡极不稳定产生较大幅值的脉动压力或产生连体涡空泡所致。而且船舶产生振动问题多是在实船试航中发现的,此时船舶已成形,要解决振动问题,只能从两方面入手:①主动方面,改善螺旋桨前方的入流场,增加螺旋桨空泡的稳定性或减小空泡体积来减小脉动压力;②被动方面,优化螺旋桨设计,增加侧斜与优化外半径、梢部负荷,改善螺旋桨空泡特性来减小脉动压力。但这些措施均以不牺牲船舶原来航速为前提。

先从一个案例来说明伴流场对空泡影响之巨大。图 7-11 为某 34500t 散货船[6]与某 34000t 散货船试验模型,两船主要区别有两点:①34000t 实船平行中体比 34500t 短 1m;②34000t 船的船艉桨前方区域为折角,梢隙比为 0.25。而 34500t 船在上述位置为圆角,且桨前方尾轴附近更为削瘦,同时桨叶与船之间的梢隙比略小,为 0.227。其他所有参数完全相同,螺旋桨也相同,试验模型缩比也相同,试验工况几乎相同,如表 7-3 所示。两船在螺旋桨盘面处标称伴流场分布如图 7-12 所示;同一个螺旋桨在两个不同船艉模型后方空泡形态如图 7-13 所示。

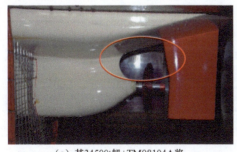 

(a) 某34500t船+TM08104A桨　　　　(b) 某34000t船+TM08104A桨

图 7-11　某两艘船模尾部外形对比

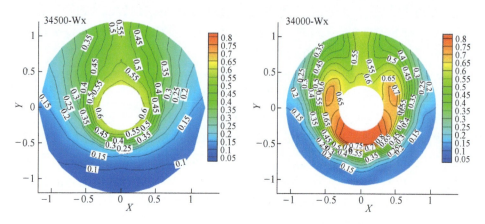

图 7-12 两船在螺旋桨盘面处标称伴流场云图分布

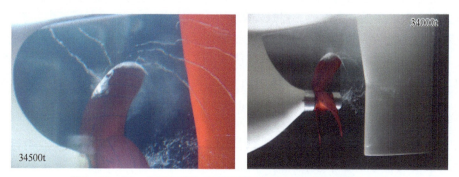

图 7-13 同一个螺旋桨在两个不同船艉模型后方空泡形态对比

表 7-3 不同船舶船桨相互影响强度对比

参　数	34000t-BC	34500t-BC
方形系数 C_B	0.799	0.816
0.8R 以外最大伴流等值线	0.55	0.55
伴流峰宽度/(°)	约 100	约 50
推力系数 K_T	0.1817	0.184
进速系数 J_S(压载吃水状态)	0.732	0.692
梢隙比(t/D)	0.25	0.227
I_H	3.46	4.31

从本案例非常明显地看出,两艘船舶尺度外形相差并不大,但呈现的空泡形式完全不同,对于 34500t 船模而言,产生了不可接受的连体涡空泡(PHVC),导致船艉会有较强的振动风险。从两船伴流云图分布看,两船轴向伴流峰值等值线均较

小,为 0.55(等值线间隔 0.05),远小其对应的方形系数,甚至还小于 $0.8C_B$。从轴向伴流幅值角度考虑而言,两船伴流均较好。伴流幅值较小说明空泡体积相对较小。而两船最大区域在伴流峰宽度与梢隙比,轴线以上部分幅值相当的伴流,其宽度越窄,表明伴流梯度越大,当桨叶出入伴流峰区域时,空泡更加不稳定。同时结合 7.1.2 节,船桨相互影响强度进一步说明,34500t 更容易产生连体涡空泡,且产生较大振动风险。

本案例以事实为基础,说明伴流与空泡之间的强烈相关与依赖,需引起相关科研工作者的高度重视。

3. 连体涡空泡及船艉局振动消除措施

产生连体涡空泡船舶,多会在船底产生强烈的振动声响,实际营运时船舶绝对允许其存在。连体涡空泡形成一般有以下几个条件:

(1)桨前方船艉表面有流体分离或有分离趋势,桨盘面处伴流场相对较差,伴流峰集中于 12 点钟两侧,且伴流峰宽度过窄(图 7-14);

(2)船桨相互影响强度显著,数值较大,超出常规船舶范围界限;

(3)桨上方船尾为开口型 U 形平艉,桨叶在较大角度范围内,梢隙比变化不明显。

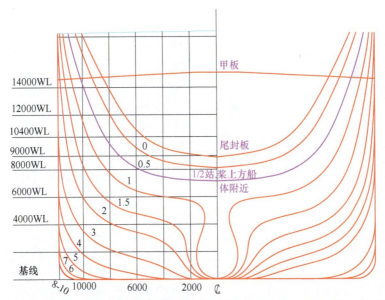

图 7-14 某大湖型船艉部横剖面线型(存在连体涡空泡)[9]

从多方面研究表明,消除连体涡空泡,主要通过改变伴流场来实施,而通过优化螺旋桨设计等因素,消除连体涡空泡的效果并不明显。现以具体案例说明,某低速支线集装箱船 A[8] 在进行全附体船舶螺旋桨模型空泡试验时,发现原设计螺旋桨有较强的连体涡空泡,如图 7-15 和图 7-16 所示。

在一定航速限制条件下,试验中通过变化螺旋桨设计,改变螺旋桨直径,侧斜,希望消除连体涡空泡,表 7-4 列出了优化桨、原桨直径、梢隙比及桨船相互影响的强度,虽然螺旋桨直径减小,但其负荷会增加,船桨相互影响强度变化不明显。各螺旋桨叶片上连体涡空泡依然存在,主要是梢隙比的增加不足以消除负荷带来的不利影响。

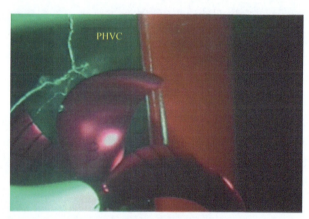

图 7-15 某集装箱船连体涡空泡

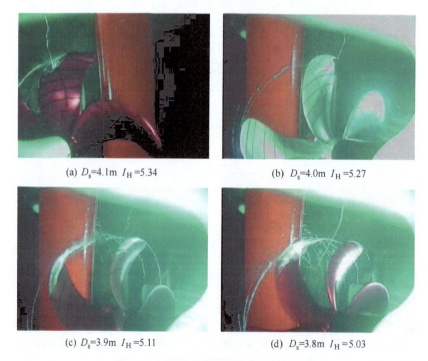

(a) D_s=4.1m I_H=5.34   (b) D_s=4.0m I_H=5.27

(c) D_s=3.9m I_H=5.11   (d) D_s=3.8m I_H=5.03

图 7-16 不同直径螺旋桨空泡形态照片

表7-4 优化桨与原桨变化

参数	方案 B	方案 C	方案 D	原桨 A
Z	5	5	6	5
D_S/m	4.0	3.9	3.8	4.1
t/D	0.227	0.2451	0.2647	0.209
I_H	5.27	5.11	5.03	5.34

伴流对空泡显著影响中表明,改变伴流是消除连体涡空泡的有效措施。改变伴流的方式有多种:一是在桨前方船体表面设置翼或鳍,如涡流发生器(vortex generator),消除或延缓液流体分离,从源头上改变船体表面流动,达到改善伴流消除连体涡空泡的目的;二是在临近桨前方设置导叶与导管,改善螺旋桨外半径叶梢处流场,达到改善伴流消除连体涡空泡的目的,如图7-17所示。本船通过涡流发生器及前置导轮(PSD)均消除了连体涡空泡,需要说明的是,此处消除连体涡空泡采用的PSD设计理念与方法,与节能所使用的PSD完全不同。当关注节能效果,采用PSD时,对于右旋螺旋桨,主要考虑螺旋桨在第二、三象限螺旋桨受力不充分,通过PSD内叶片翼形攻角改来流速度分布,使桨叶$0.5R \sim 0.8R$在此区域充分受力来提升螺旋桨效果。如为了消除连体涡空泡,则重点关注桨叶产生连体涡空泡位置至船体之间区域,使此区域流动更加均匀,避免回流及极低压力产生。采用涡流发生器消除连体涡空泡效果见图7-18;采用前置导轮消除连体涡空效果见图7-19。

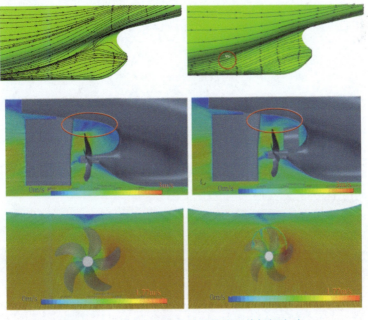

图7-17 涡流发生器及前置导轮改善船艉流动

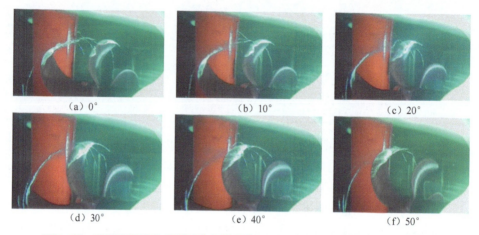

图7-18 采用涡流发生器消除连体涡空泡($D_S=3.9$m, $Z=5$,安装涡流发生器)

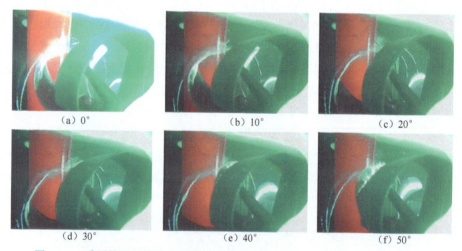

图7-19 采用前置导轮消除连体涡空泡($D_S=3.9$m, $Z=6$,安装前置预旋导轮)

在2008年,中国船舶科学研究中心就采用涡流发生器(图7-20)消除某大湖型船连体涡空泡,并降低实船振动50%以上[8]。

图7-20 大湖型船模型及实船涡流发生器安装效果

现实中仍有不少船舶并无连体涡空泡这种特有空泡的存在,但也会因为空泡的不稳定等因素,产生较强的船艉局部振动问题。如某多用途船[7]B采用中国船舶科学研究中心优化设计的涡流发生器,实船振动超标问题得以解决,且安装涡流发生器(VG)对实船航速无影响。此项目中,通过6种涡流发生器方案及其他尾鳍共10种方案获得了船用涡流发生器设计原则,并申请了国家专利。表7-5及图7-21~图7-25为涡流发生器优化过程中对脉动压力影响效果。

表7-5 安装涡流发生器前后预报实船脉动压力变化量

方案序号	一阶叶频分量平均减小量/%	二阶叶频分量平均减小量/%
方案2	15.4	43.8
方案3	14.0	32.1
方案4	21.2	48.1
方案5	35.2	75.2
方案6	37.2	34.0
方案7	34.6	77.3

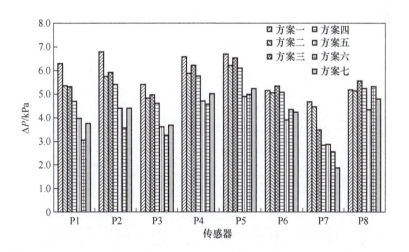

图7-21 不同涡流发生器安装方案实船脉动压力一阶量预报结果比较

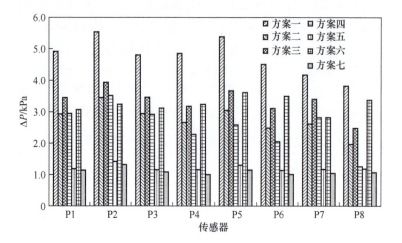

图 7-22 不同涡流发生器安装方案预报实船脉动压力二阶量预报结果比较

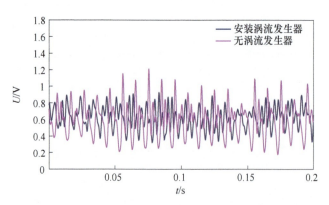

图 7-23 有/无涡流发生器桨时 P2 传感器时域信号

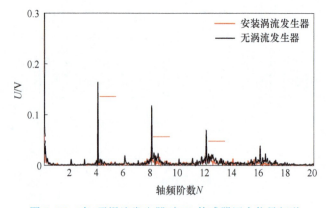

图 7-24 有/无涡流发生器时 P2 传感器压力信号频谱

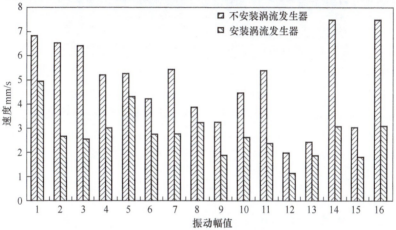

图7-25　某多用途船B实船安装效果及振动结果对比

琼州海峡某双桨客滚船C(图7-26)，在船舶建造前，进行螺旋桨空泡性能验证后，表明此船艉部局部振动略有超标，中国船舶科学研究中心通过优化涡流发生器，提升桨叶表面空泡稳定性，脉动压力幅值降低30%，并在实船应用[8]。

2017年另一艘多用途船D(图7-27)，也采用中国船舶科学研究中心设计的涡流发生器方案，实船振动有所改善，试航满足要求，顺利交船。

图7-26　VG改善客滚船桨叶表面空泡特征

图 7-27 某多用途船 D 安装涡流发生器照片

总之,空泡引起的船艉局部振动问题多源于空泡的不稳定性所致,但追根溯源,源于船艉流动不佳,要么是船艉有流体分离,要么桨盘面处伴流峰过于集中于 12 点附近,且伴流峰宽度过窄等一系列原因所致[7]。因此降低由空泡引起的振动问题,从改善流场入手,其效果更佳。

7.2 空泡引起的剥蚀问题及解决措施

7.2.1 空泡引起的剥蚀问题与后果

在舰船领域,空泡剥蚀常见于螺旋桨、支架及舵等附体之上,且剥蚀多由不稳定片空泡分离、脱落及溃灭,形成云雾状态空泡所致,常使桨叶或其他附体表面产生不规则的凹坑,如图 7-28 所示。空泡剥蚀产生后,会影响船舶安全与生命力。空泡剥蚀发生时也常伴随着局部振动、噪声的急剧增加。图 7-29 中为某模型螺旋桨在桨叶梢部有空泡剥蚀风险,对应其脉动动压力二阶叶频相对一阶叶频更高,且在脉动压力时域信号上(一个桨叶周期)有明显的双主峰结构与压力小的特性,这特征也间接表明了空泡的不稳定性,如图 7-30 所示。对于那些超大吨位船舶,由于尾轴较丰满或安装前置节能装置,在靠近桨叶 0.7R 及以内有剥蚀风险的螺旋桨,其脉动压力二阶量不一定比一阶量高,因此脉动压力高阶量相对较高只是存在空泡剥蚀风险的一个必要条件而非充分条件。

7.2.2 空泡剥蚀风险判断与衡准

本节空泡剥蚀风险性能预报是指通过对空泡试验中的空泡形态,确认、判断、

图 7-28 桨叶、支架及舵空泡剥蚀照片[11]

图 7-29 有空泡剥蚀风险空泡特征

预报与评估实船是否产生空泡剥蚀风险而加以防治,而不是指通过数值手段计算研究对象空泡产生的现象与程度。

前面章节介绍的空泡形态如片空泡、涡空泡、泡空泡及云雾状空泡等,描述的多是对所产生空泡的一个宏观的把握及静态的表达,不能体现空泡高速、动态及微观细节的演变过程。因此,为能准确判断空泡是否存在破坏性剥蚀风险,必须了解空泡动态发展过程中的积聚与破碎效应。下面先以螺旋桨叶表面空泡来介绍一些有关空泡形态分析的动力学基本概念。空泡的积聚与溃灭是空泡剥蚀风险判断与评估的核心,可以几个图例来描述空泡的动态过程与效应。

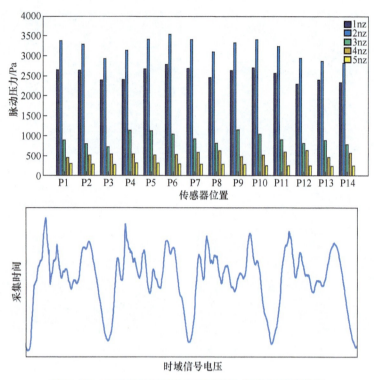

图 7-30 有空泡剥蚀风险时脉动压力幅值与时域特征

聚集(focusing):从导边全局空泡分离脱落的部分片空泡随时间变化,加速溃灭聚集于一块很小区域,随后破灭反弹,其空泡面积又增加,反弹前(脱落的片空泡收缩到最小到溃灭这个过程极其短暂,现有设备难以捕捉,故以反弹来推断前期的溃灭)的这个过程叫聚集,如图 7-31 所示。

全局空泡(global cavity):与来流相关在螺旋桨桨叶表面产生空泡的总体情况,这是对桨叶表面空泡的一个宏观总体把握。全局空泡包含桨叶表面片空泡、涡空泡、片空泡尾缘回射流以及部分片空泡的脱落等一系列现象的总称。

聚集空泡(focusing cavity):与全局空泡相关的某部分空泡在桨叶进入低伴流高压区时,与全局空泡分离脱落且加速聚集于接近桨叶表面的较小液体区域,为空泡溃灭提供主要能量。空泡溃灭的主要能量,以动能形式或压力(对应称势能)迫使微小气泡以剧烈方式在桨叶表面破碎溃灭。这些微气泡进一步积聚并且以高速运动方式将一部分能量作用于固壁表面,形成剥蚀破坏的源泉。聚集空泡可以产生于桨叶导边或来源于部分片空泡。有关空泡动态特征表征的分类如图 7-32 所示。

空泡剥蚀风险判断是一个非常复杂的系统工程,需从空泡形态,通过软面法试

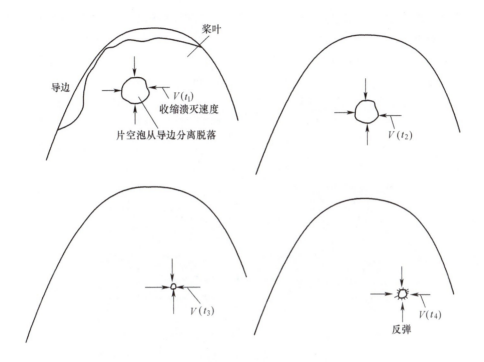

图 7-31　空泡聚集定义[$V(t_3)>V(t_2)>V(t_1)$]

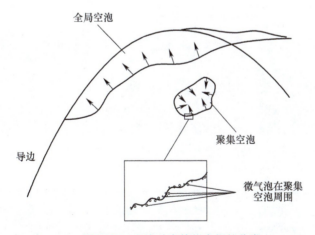

图 7-32　空泡动态特征表征的分类

验等多种手段并辅助丰富的试验经验联合判断。对于剥蚀风险临界点的判断是极其困难的,目前技术手段无论是模型试验还是数值预报都属于模糊地带,需慎重、反复确认。现以空泡剥蚀试验章节中案例(图 4-16)从空泡形态来说明潜在的剥蚀风险。图7-33~图7-36为螺旋桨[15]在某个角度(伴流)下,空泡面积接近最大时的一个总体情况,桨叶表面空泡从0.5R~1.0R区域均存在空泡。在0.5R~0.8R区域的主要是从导边产生的不稳定的背片空泡,在0.8R~1.0R区域的桨叶梢部均被空泡覆盖,且在梢部随边后方存在一般强度梢涡空泡,靠近梢涡空泡前缘有碎发的趋势。随着螺旋桨桨叶离开高伴流区向低伴流区前进时,从全局空泡中部分背片空泡分离脱落,形成一个孤立的片空泡后成为聚集空泡。聚集空泡形成后,由于在低伴流及高压区的作用下,聚集空泡加速收缩聚集于一个很小液体区域,最终溃灭于桨叶表面反弹后形成云雾状小气泡。

图7-33 桨叶表面全局空泡的总体特征

图7-34 部分背片空泡与全局空泡分离脱落生成聚集空泡

图7-35 聚集空泡聚集过程

图 7-36　聚集空泡溃灭后反弹

从上面空泡形态的动力学概念及案例分析可知,判断空泡剥蚀风险必须从以下几个方面来考虑:

(1) 对桨叶或固壁表面全局空泡的总体把握,深刻理解全局空泡的整体特征;

(2) 从空泡行为的动态过程中是否能分辨出(玻璃状)片空泡有从全局空泡中分离的趋势;

(3) 部分片空泡是否与全局空泡完全分离脱落;

(4) 脱落的部分片空泡是否沿弦向运动,而非沿径向运动;

(5) 脱落的空泡是否存在溃灭与聚积;

(6) 脱落的空泡体积与溃灭聚积空泡体积有明显对比,确认空泡聚积后的溃灭强度;

(7) 确认聚积后空泡溃灭是否形成云雾(泡沫)状空泡,云雾状空泡中微小气泡是破坏桨叶表面的重要因素;

(8) 确认是否有空泡从固壁面反弹(体积又变大),从而确认溃灭发生在固壁表面之上。

7.2.3　空泡剥蚀解决措施

空泡剥蚀产生后,一般均是对产生剥蚀的本体如螺旋桨、支架、舵等进行优化设计,或是通过切削改变剥蚀本体剖面形式调整压力分布来实现,在船舶领域很少直接通过改变船舶伴流方式来消除剥蚀,因为通过伴流方法来解决风险较大,同时剥蚀的本体由于受损也必须修整完善。

1. 桨叶压力面空泡剥蚀解决措施

对于船舶而言,无论是螺旋桨还是附体,在压力面上产生空泡剥蚀的概率相对较小。一般而言,当螺旋桨压力面上产生较弱的面空泡或面梢空泡时,一般不会有空泡剥蚀风险,如果需要消除面空泡,只需在产生面空泡的区域附近局部增加螺距或抬高压力面导边,并调整拱度,满足负荷平衡即可。如果螺旋桨或附体有面空泡剥蚀,一般是面空泡相对较严重,且有部分面片空泡分离脱落破碎于桨叶表面,而非脱落泄入水中。例如,某集装箱船[16]在试航结束不到半年,螺旋桨压面上有剥蚀痕迹。如图7-37所示,在压力面靠近 $0.7R \sim 0.9R$ 导边附近每个桨叶均存在较明显的凹坑,具备典型的空泡剥蚀特征。

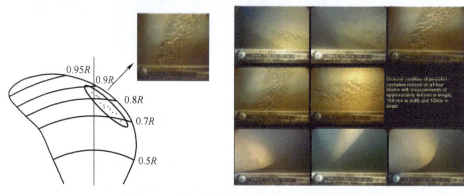

图7-37　某集装箱船螺旋桨压力面空泡剥蚀

此船螺旋桨已大批量生产,为解决实船面空泡问题,必须先证实其产生原因,因此循环水槽开展了相应的理论计算与模型试验,试验中以全附体船模来模拟实船伴流,空泡观测试验中,的确在其运行状态有较严重的面空泡,如图7-38中结果。随后通过对螺旋桨模型压力面导边进行削切(图7-39),增加导边局部螺距,削切后模型试验进行空泡试验,桨叶表面面空泡完全消失,如图7-40所示。CFD计算也表明,削切后导边压力峰明显改善(图7-40)。

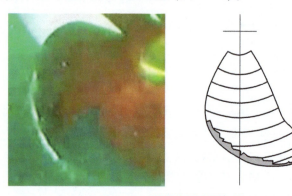

图7-38　螺旋桨压力面空泡

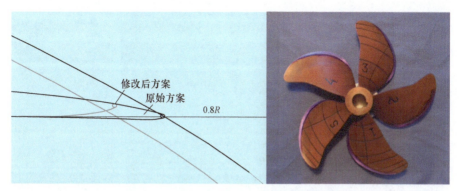

图 7-39　螺旋桨模型压力面导边削切效果

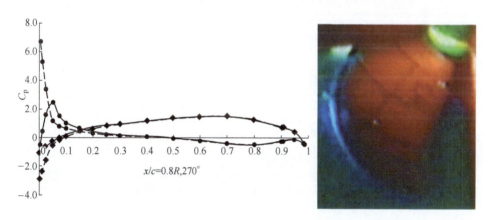

图 7-40　削切后 0.8R 压力分布及桨叶空泡试验状态（导边为反光亮条）

2. 桨叶吸力面空泡剥蚀解决措施

船舶定距螺旋桨产生空泡剥蚀多出现在吸力面外半径，如波兰某 2280 箱集装箱船螺旋桨[17]，如图 7-41 所示。此实船螺旋桨产梢部产生的剥蚀主要是孤立的空泡、云雾状空泡或是从导边产生的叶背片空泡分离、脱落、积聚及溃灭于桨叶表面而形成的，如图 7-42 所示。当确认螺旋桨存在空泡剥蚀风险后，根据空泡剥蚀产生的位置追溯产生有害空泡的形态以及其初始产生位置、形态以及运动过程，并根据空泡形态特点优化螺旋桨局部剖面、侧斜分布、螺距分布以及弦长分布等，并在总推力不变的条件下，微调拱度分布来达到改善空泡特性、消除剥蚀风险的目标。

如在螺旋桨设计阶段，发现桨叶叶背有空泡剥蚀风险，可能过采用新剖面+增加梢部侧斜+减小梢部弦长的方式加以改善空泡，降低叶背空泡剥蚀风险。如某矿砂船 A[12]在首轮设计的螺旋桨空泡试验中，发现在桨叶梢部靠近随边处，有空泡剥蚀风险。如图 7-43 桨叶表面空泡形态图，部分叶背片空泡与全局空泡分离、

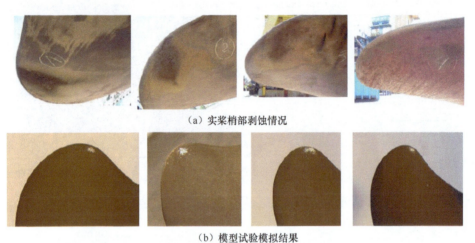

(a) 实桨梢部剥蚀情况

(b) 模型试验模拟结果

图 7-41　某集装箱船实桨空泡剥蚀照片及模型试验模拟结果

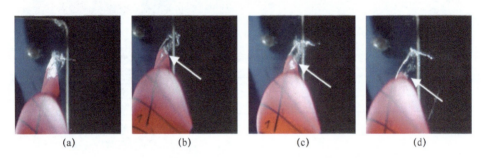

图 7-42　某集装箱船螺旋桨模型空泡形态特征

脱落,并积聚非常微小的区域,溃灭于桨叶 $0.8R \sim 0.9R$ 靠近随边处,此部分脱落片空泡体积大,积聚程度高,破碎能量强,根据 7.2.2 节中剥蚀风险判断与衡准准则,此螺旋桨空泡有很强的剥蚀风险。随后为进一步定量证实空泡剥蚀概率,采用软面法进行了空泡剥蚀试验,在空泡溃灭位置附近有明显的针孔状剥落痕迹,如图 7-44 所示。

图 7-43　某矿砂船 A 螺旋桨模型空泡形态特征

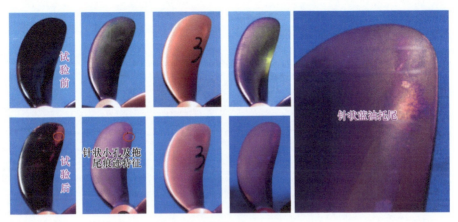

图 7-44　某矿砂船 A 螺旋桨空泡剥蚀试验前后对比

为消除此螺旋桨空泡剥蚀风险，根据首轮设计桨空泡形态特点，对其梢部 0.7R 处开始至梢部，采用 Eppler 新剖面，并增加梢部侧斜与弦长，并微调螺距与拱度，保持工作点负荷不变，如图 7-45 所示。优化后的螺旋桨主要使外半径弦长负压分布保持，不过早恢复，如图 7-46 所示，使桨叶上空泡形成全局空泡，并延续而

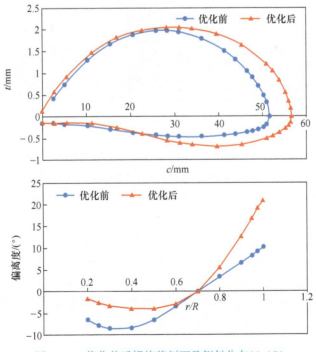

图 7-45　优化前后螺旋桨剖面及侧斜分布(0.8R)

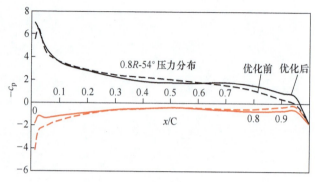

图7-46 优化前后桨叶剖面压力分布(0.8R-54°)

泄入水中,避免在桨叶表面分离、脱落,从而达到防止空泡剥蚀的目的。优化后的螺旋桨空泡形态观测结果表明,只有少许丝状空泡与全局空泡分离,但不够集聚,其能量强度较弱,不会有空泡剥蚀风险,剥蚀试验进一步证实,在桨叶表面并无空泡剥落痕迹,如图7-47所示。优化后螺旋桨方案在实船上营运正常。

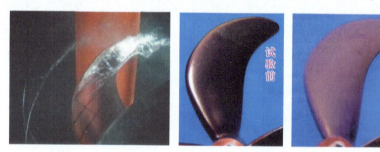

图7-47 优化后螺旋桨空泡形态特征及剥蚀试验前后桨叶对比

如果实船螺旋桨在试运行阶段出现了螺旋桨叶背空泡剥蚀(由于船型及桨叶受载特点,多出现在叶梢靠近随边处),采用优化螺旋桨设计更换螺旋桨不是最佳选择方式。如2021年10月某矿砂船B实船螺旋桨在运行2386h后,桨叶叶背梢部(约0.95R)靠近随边处有剥蚀痕迹[29],如图7-48所示。

为解决此船螺旋桨空泡剥蚀问题,首先对此船螺旋桨叶背表面空泡进行了全附体空泡试验复现,如图7-49所示,部分叶背片空泡没有从桨叶导边产生,而直接与全局空泡分离脱落破碎于0.95R靠近随边处,此螺旋桨空泡特征符合前面提及的空泡剥蚀风险判断准则的特点,且与实船空泡剥蚀位置对应。由于本船螺旋桨空泡体积(表积)一般,空泡诱导的脉动压力较小(1nz:1.2kPa,2nz:1.9kPa,3nz:1.1kPa),面空泡裕度超过50%,有很大更改空间。因此为改善此桨叶叶背空泡,可通过对桨叶导边割边方式,改变梢部局部螺距与拱度,改善螺旋桨压力分布从而

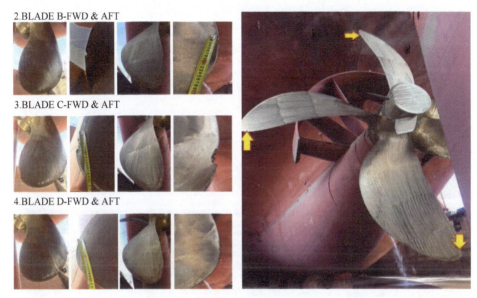

图 7-48　某矿砂船 B 实桨叶背 0.95R 靠近随边处剥蚀照片

改善桨叶表面空泡。共两种方式:一是从桨叶 0.6R 以外半径叶面导边割边,相当于增加局部螺距减少拱度,加大梢部负载,增加空泡体积,增强空泡稳定性,降低剥蚀风险;二是从桨叶 0.6R 以外半径叶背导边割边,相当于减小局部螺距增加拱度,希望减弱空泡强度,降低剥蚀风险。

图 7-49　某矿砂船 B 螺旋桨模型叶背空泡特征照片

如图 7-50 中对桨叶叶面导边进行割边处理后,叶背梢部表面空泡体积比原桨明显增加,空泡稳定性增强。部分条带状空泡与全局空泡一起,比较散布。原桨那种聚积破碎于桨表面空泡特征不明显,桨叶表面空泡特性明显改善,剥蚀风险明显降低。在此工况下,空泡诱导的脉动压力前三阶为(1nz:1.5kPa,2nz:1.6kPa,3nz:0.8kPa),脉动压力高阶量减小,也印证了空泡稳定性增强。

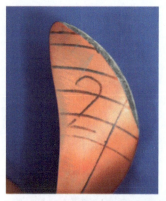
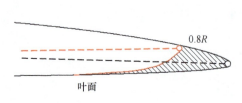
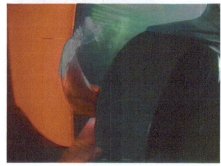
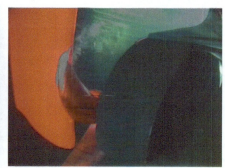

图 7-50　桨叶叶面导边割边及空泡形态照片

当桨叶叶背导边割边及空泡形态照片如图 7-51 所示,表面空泡体积比原桨明显增加,空泡更加不稳定。0.80R~0.9R 开始有部分背片空泡从导边分离脱落,沿舷向发展,聚积破碎于桨叶表面 0.95R 靠近随边处,且剖分破碎空泡能量更强,比原桨剥蚀风险更大,没有达到预期效果。在此工况下,空泡诱导的脉动压力前三阶为(1nz:2.1kPa,2nz:2.9kPa,3nz:1.5kPa),脉动压力高阶量明显增加,印证了空泡不稳定性进一步加剧。最终实船螺旋桨将采用桨叶叶面导边割边方式改善螺旋桨空泡特征,降低空泡剥蚀风险。

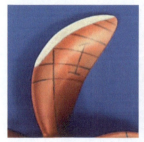

图 7-51　桨叶叶背导边割边及空泡形态照片

3. 桨叶根部空泡剥蚀解决措施

船舶螺旋桨根部空泡剥蚀多见于调距螺旋桨。调距螺旋桨运行于船尾斜流之中,为适应不同运行状态,采用绕根部旋转轴方式来调整其螺距,为保证根部旋转轴强度,调距桨根部剖面一般厚度较大,在适应多种工况运行时,经常在某些特定工作状态存在根部空泡(叶背或叶面),当此根部空泡强度较强,且没有全部泄入水中时,常伴随着桨叶根部空泡剥蚀。解决桨叶根部空泡剥蚀问题,可采用抗空泡导圆随边或在桨叶前方加小型鳍片的方式,改变桨叶根部前方流场,破坏根部空泡产生环境,或减弱根部空泡,从而达到消除根部空泡剥蚀的目的。

对于抗根部空泡剥蚀随边,早期 okada 等(1998)建议随边采用 0.5 倍最大剖面厚度,可有效降低空泡剥蚀破坏,如图 7-52 所示。Ukon Yoshitaka(2006)[18]研究表明,随边导圆厚度超过 60%最大剖面厚度,如图 7-53 所示,且最大厚度尽可能靠近随边,更有利于使根部空泡形成超空泡,空泡泄入并破灭于水中,从而更为有效降低根部空泡剥蚀风险,其消除根部空泡剥蚀效果如图 7-54 所示。

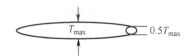

图 7-52　抗根部空泡剥蚀剖面

图 7-53　抗根部空泡剥蚀剖面及螺旋桨桨叶

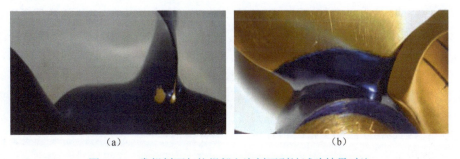

图 7-54　常规剖面与抗根部空泡剖面剥蚀试验结果对比

当在桨叶前方安装鳍片时,能改变桨叶根部进流场,使桨叶根部空泡更为明显,形成类似超空泡形态,也能减弱桨叶根部空泡剥蚀风险,如图7-55所示。

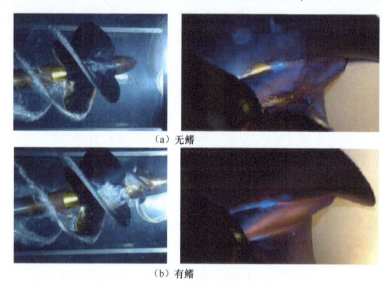

(a) 无鳍

(b) 有鳍

图7-55 有/无鳍片剥蚀试验结果对比

1. 附体空泡剥蚀解决措施

船舶上附体空泡主要表现在支臂空泡、舵空泡等,附体上产生的空泡以片空泡形式为主,也有在附体梢部产生涡空泡,此时产生的涡空泡一般泄入水中,引起附体本身空泡剥蚀的风险非常小。但螺旋桨的涡空泡对舵的影响不可忽视,需要考虑。

当双臂支架上产生片空泡时,一般容易形成空泡剥蚀现象,除非某种状态下,其支架片空泡非常严重,类似超空泡脱落于水中,此时一般会伴随较强振动与噪声,经常超出噪声指标要求,故不允许存在。一般而言,船舶运行航速跨度很大,在最大航速支架即使有严重的空泡,类似超空泡形象拖出本体外,但随着航速降低,其空泡会减弱,此时空泡馈灭于支架本体上,同样会存在空泡剥蚀风险,如图7-56所示。由于双臂支架与舵局部均可看作是机翼,因此其产生剥蚀的一面均是由相对来流攻角过大所致。

对于双臂支架而言,由于其作用是固定船体支撑螺旋桨轴系,其攻角固定不可变化,考虑到结构强度及相应标准规范要求,一般不宜采用薄翼结构形式,而是采用对空泡适应性更强的较厚的翼型剖面。因此,防治双臂支架空泡剥蚀一般通过优化对空泡更为敏感的来流攻角来实现。如在理论计算或是全附体船模空泡试验中,根据支臂产生空泡位置及程度向其反向调整合适攻角,可明显改善支臂本身及螺旋桨空泡特性,如图7-5、图7-58所示。一般来讲,支臂空泡性能与后方螺旋桨水动力及噪声特性矛盾,设计时需权衡考虑。

图 7-56 双臂支架支臂及舵空泡剥蚀

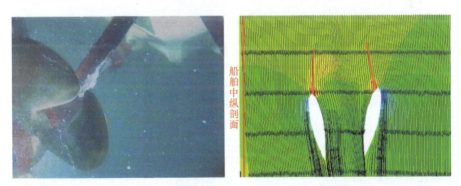

图 7-57 双臂支架内臂外侧空泡与流场计算结果

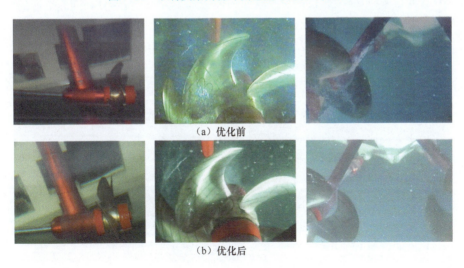

图 7-58 攻角优化前后支臂及螺旋桨表面空泡对比

船舶舵表面产生空泡剥蚀与支臂产生空泡剥蚀的原因非常相似,但其运行环境不同,舵常左右变换不同攻角来调整船舶方向。舵空泡剥蚀的防治与优化与双臂支架不同,一般不是通过整体改变其来流攻角来实现的,而是采用更加延缓空泡生成的抗空泡剖面或改变局部攻角来达到消除或减弱空泡剥蚀的目的。如采用扭曲舵或抗空化翼型来达到或延缓空泡剥蚀的产生。图7-59为某集装箱船舵表面空泡剥蚀照片[29]。在襟翼舵转动部分与固定部分之间间隙周围有明显的空泡剥蚀痕迹。

图7-59 某集装箱船舵表面空泡剥蚀

舵空泡剥蚀产生后,首先必须通过全附体模型(至少有假船艉的模型)试验,采用尽可能高的试验雷诺数确认产生的空泡剥蚀区域的空泡类型,并根据空泡形态类型确认产生的剥蚀风险程度,随后以软面法模型试验确认。对于存在间隙空泡的舵,还应在全附体模型试验基础上,采用更大尺度的舵模型试验,以提升间隙局部区域试验雷诺数,确认产生空泡区域及剥蚀风险程度,并以相同试验条件,在船舶最大航速条件下,开展优化剖面空泡试验,确认优化后舵空泡特性,从而防止舵表面空泡剥蚀的产生,如图7-60中舵翼形优化及图7-61中实船中优化舵的安装效果。

图7-60 全附体及单独舵空泡试验布置

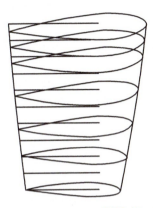

图7-61 优化后舵剖面及实船安装效果

总之,空泡引起的剥蚀现象多种多样,在解决空泡剥蚀问题之前,首先必须先掌握产生空泡特定对象的运行环境;其次通过理论计算及模型试验确定产生空泡剥蚀是由何种类型空泡产生,并掌握此空泡动态运动特性,并根据空泡剥蚀风险判断原则确认其破坏程度;最后采用可行的应对措施,经理论计算及模型试验验证确认。解决空泡剥蚀问题多以优化被剥蚀本体性能为主,也可以辅助改善被剥蚀本体前方来流并结合本体性能优化相结合的办法。

参 考 文 献

[1] 黄红波.民船螺旋桨空泡与脉动压力特征关系研究//第二十三届全国水动力学研讨会暨第十届全国水动力学学术会议文集[C].北京:海洋出版社,2011。

[2] 何友声,王国强.螺旋桨激振力[M].上海:上海交通大学出版社,1984。

[3] 王国强,盛振邦.船舶推进[M].北京:国防工业出版社,1985。

[4] HUANG H.Effective measures of eliminating propeller-hull vortex cavitation[C].Espoo, Finland: The fifth international syposium on marine propulsors,2017.

[5] LU F.Cavitation Observation and Pressure Fluctuation Measurement for Model Propeller of 34000DWT Bulk Carrier(08146)[R].无锡:中国船舶科学研究中心报告,2008.

[6] LU F.Cavitation Observation and Pressure Fluctuation Measurement for Model Propeller of 34000DWT Bulk Carrier(09001)[R].无锡:中国船舶科学研究中心报告,2008.

[7] HUANG H, LU F.An application research on vibration reduction for multi-purpose vessel with vortex generator[J]. Shipbuilding of china, 52(Special 1): 68-75.

[8] LU F, HUANG H. The Application of the Vortex Generator to Control the PHV Cavitation[J]. Journal of ship mechanics, 2009.13(6):92-99.

[9] HUANG H,XUE Q,WANG F,et al. An application research of vortex generator on vibration re-

duction for a twin-screw vesse[C]. Wuxi:Proceeding s of the second conference of global Chinese scholars on Hydrodynamics,2016.

[10] 黄红波,陆芳.流发生器在民船减振上的应用研究[J].中国造船,2011,51（special 1）:68-75.

[11] FRIESCH J.Erosion the Problem and the damages[R].无锡:中国船舶科学研究中心,2017.

[12] 顾湘男,黄红波.超大型矿砂船模型螺旋桨空泡、脉动压力和剥蚀比对试验研究[C].杭州:第十届流体力学学术会议论文集,2018.

[13] BARKC G, BERCHICHE N,GREKULA M.Application of principles for observation and analysis of eroding cavitation-the EROCAV observation handbook[M].Goteborg:Chalmers University of Technology,2004.

[14] KIM K,CHAHINE G,FRANC J,et al. Advanced experimental and numerical techniques for cavitation erosion prediction[M].Berlin:Spring,2014.

[15] 黄红波,薛庆雨.某伴流补偿导管对螺旋桨空泡及剥蚀影响研究[J].船舶力学,2017,21(7):821-831.

[16] LU F, DING E B. The Investigation of Face Cavitation Erosion on Propeller Blades"[C]. Chiba, Japan:Proceedings of 3rd PAAMES and AMEC2008,2008.

[17] MILLER W.Model-full scale correlations of the cavitation erosion of ship propeller-a container vessel case study[C]. Wageningen, the Netherlands:CAV2006,2006.

[18] 有近良孝,藤沢純一,川並康剛,et al.Prevention of Erosion for High-Speed Ship Propellers (Summaries of Papers Published by Staff of National Maritime Research Institute at Outside Organizations)[J].海上技術安全研究所報告, 2007, 6(4):484-484.

[19] 黄红波,许晖,王建芳,等.多桨船双臂支架空泡性能优化及其对螺旋桨空泡性能影响研究"[J].中国造船,2015,56(2):150-158.

[20] FRIESCH J.Rudder erosion damages caused by cavitation[C].Wageningen, The Netherlands:CAV2006,2006.

[21] 季斌,程怀玉.空化水动力学非定常特性研究进展及展望[J],力学进展,Vol.49 201906.2019:428-479.

[22] BRENNEN C, ACOSTA A. The dynamic transfer function for a cavitating inducer"[J], Journal of Fluids Engineering, 1976(98):182-191.

[23] FRANC J P, MICHEL J M. Fundamentals of Cavitation [M]. Netherlands: Springer Netherlands, 2005.

[24] FAGOAGA I ,JAVIER G, CANTERO O .Publishable final activity report[R]. 2010.

[25] Potsdam propeller test case (PPTC).Cavitation Tests with Model Propeller VP1304 Case 2.3 [C].Potsdam:Second International Symposium on Marine Propulsors,2011.

[27] 黄红波.螺旋桨空泡诱导的脉动压力预报及振动风险评估新方法[J].船舶力学,2020,21(11):1375-1382.

[28] MILLER W. Model-full scale correlations of the cavitation erosion of ship propeller-a container vessel case study[C]. Wageningen, the Netherlands:CAV2006,2006.

[29] 左成魁,黄红波,韩用波,等.超大型货船螺旋桨空泡剥蚀研究[J].船舶力学,2023,27(11):1608-1619.
[30] FRIESCH J.Rudder erosion damages caused by cavitation[C].Wageningen,The Netherlands:Sixth International Symposium on Cavitation CAV2006,2006.